油气勘探与开发进展系列丛书

储层地球物理的地质统计学方法

［葡］Leonardo Azevedo　Amílcar Soares　著
张　进　孙万元　邢　磊　译

地质出版社
·北　京·

内 容 简 介

本书概述了地质统计学在油气勘探与开发领域的应用，描述了传统上用于地球科学的主要地质统计工具，介绍了地质统计学的基本理论、在地质统计学框架下开展油气储层建模和反演工作的流程和方法，如孔隙度、地震相和岩石物理模型的地震反演方法，以及地质统计学在地球物理整合反演中的巨大潜力，如电磁和地震数据联合反演，油气开发过程的地质统计学历史拟合反演等。

本书可以作为石油类高等院校本科生和研究生，以及油气行业从业人员的参考书目。

First published in English under the title
Geostatistical Methods for Reservoir Geophysics
by Leonardo Azevedo and Amílcar Soares, edition: 1

图书在版编目（CIP）数据

储层地球物理的地质统计学方法 /（葡）莱昂纳多·阿泽维多，（葡）阿米尔卡·苏亚雷斯著 ；张进，孙万元，邢磊译. —— 北京 ：地质出版社，2024. 3

书名原文：Geostatistical Methods for Reservoir Geophysics

ISBN 978－7－116－13760－8

Ⅰ. ①储… Ⅱ. ①莱… ②阿… ③张… ④孙… ⑤邢… Ⅲ. ①地球物理勘探－地质统计学 Ⅳ. ①P618. 130. 2

中国国家版本馆 CIP 数据核字（2023）第 160177 号

北京市版权局著作权合同登记
图字：01－2023－4064 号

CHUCENG DIQIU WULI DE DIZHI TONGJIXUE FANGFA

责任编辑：肖莹莹　顾秋蓓
责任校对：关风云
出版发行：地质出版社
社址邮编：北京市海淀区学院路 31 号，100083
电　　话：(010) 66554528（发行部）；(010) 66554571（编辑部）
网　　址：https：//www. gph. clmpg. com
传　　真：(010) 66554576
印　　刷：北京地大彩印有限公司
开　　本：787mm×1092mm 1/16
印　　张：9. 5
字　　数：220 千字
版　　次：2024 年 3 月北京第 1 版
印　　次：2024 年 3 月北京第 1 次印刷
定　　价：150. 00 元
书　　号：ISBN 978－7－116－13760－8

译者序

地球物理反演方法在储层预测中非常重要，是油气田勘探开发过程中的关键技术。但传统的确定性反演方法主要依靠地震数据，反演结果分辨率较低，不适用薄互层等复杂储层的精细刻画。以地质统计学理论为基础的地震反演方法，利用地质统计学求取变差函数，获得地下介质参数信息（如纵横波速度、密度、孔隙度、饱和度、渗透率等）与地层岩性之间的关系，进而以井数据作为硬约束进行随机反演。其反演结果不仅忠实于井数据，还能在很大程度上提高反演结果的垂向分辨率，有效降低反演问题的不确定性。地质统计学地震反演方法已经成为现在广泛使用、效果卓越的储层参数反演方法。

在油气田勘探开发过程中，积累了海量的测井、地震、生产和测试等多尺度、多维度的海量数据，很多数据并未得到有效应用。地质统计学的另外一大优势是可以轻易地整合这些不同来源、不同维度、不同尺度的数据，是当前和未来解决复杂地质条件下的储层预测问题，降低油气勘探和开发风险的发展方向。尤其现在已经进入大数据时代，在储层建模、油藏表征、油藏模拟和管理等方面，地质统计学无疑会发挥越来越重要的作用。

本书通过理论和实例相结合的方式介绍了当前地质统计学在油气行业领域的应用。第1—3章较为系统地介绍了地质统计学的基本理论，包括变差函数、估计模型、克里金估计方法等；第4、5章提纲挈领地介绍了当前地质统计学在储层表征中的应用和工作流程，包括储层参数的叠后、叠前地震反演、岩相直接反演等；第6章介绍了地质统计学在不同领域数据整合和反演的应用实例，包括电磁和地震数据联合反演，油气开发过程的地质统计学历史拟合反演等。

中国海洋大学张进负责第1—5章的内容翻译，中国海洋大学邢磊负责第6

章内容的翻译。全书由张进统稿，中海石油（中国）有限公司海南分公司孙万元对全书进行了审校。本书获得了国家自然科学基金委项目“南海深水区海洋电磁—地震多元立体联合油气探测机理与方法”（U23B20158）的资助，在此表示感谢。

本书可以作为石油类高等院校研究生教学的教材和参考书，也可以作为油气行业科研人员的参考书。

由于译者水平有限，书中难免存在错误和纰漏，敬请读者批评指正。

张　进

2023 年 8 月

序　言

写这本书的主要目的是介绍当前用于整合储层建模中地质物理信息的地质统计学方法，并介绍成功的案例研究。

地质统计学方法是在20世纪60年代引入的（Matheron，1965），主要处理大量用于表征矿床中的品位分散（David，1977；Journel and Huijbreghts，1978）的相似数据。地质统计学方法在20世纪80年代开始流行于油藏表征（Deutsch and Journel，1992），但由于井数据的缺乏，地质统计学方法中需要另一种类型的数据整合。因此，一个新的范例——基于数据整合的联合模拟和随机序贯模拟的地质统计学方法得到发展。

21世纪以来，油气发现主要集中在深水和超深水海域。进入这些储层需要花费更高的钻井和油井数据采样成本；它还涉及增加对研究和开发（R&D）的投资，以成功地使用更便宜和更有效的地球物理勘探方法。最近高质量的地球物理数据，特别是反射地震数据，代表了储层建模和表征方面的突破。然而，如何使用3D和4D地震数据一直是地质统计数据整合方法的真正挑战。

使用地震反射数据的随机地震反演方法在油气储层的表征中起着重要作用，基本上可以分为两种方法：第一种是基于线性贝叶斯方法的地震反演（Buland and Omre，2003；Tarantola，2005）；第二种是基于地质统计学反演方法，其本质上是随机序贯模拟和优化过程，如遗传算法和模拟退火（Bortolli et al.，1993；Haas and Dubrule，1994；Soares et al.，2007）。

本书重点介绍地质统计学反演方法。第1章介绍了将地震反射数据整合到地下地球模型中的地质统计学方法。第2章概述了地质统计学基础。第3章介绍了在反演方法中所采用的随机模拟和联合模拟。利用联合模拟和联合分布处理多元反演和直接反演问题，利用点分布函数进行模拟以评估数据的不确定性。

在第4章中，在地质统计学框架内，我们发展了地震反演方法——声波反演、弹性波反演和AVA反演。第5章包括孔隙度、地震相和岩石物理模型

（RPM）的直接反演方法。第 6 章重点介绍了地球物理整合反演的其他方法，如联合电磁和地震反演，地震历史拟合处理的整合，即在数值油藏模型中地震和动态生产数据的整合。

本书是里斯本大学理工学院（IST — Instituto Superior Técnico）石油工程储层表征硕士课程的自然延伸和总结，同时还包括其他学校和石油公司开设的短期课程的笔记。我们要感谢所有提供批评意见的学生，他们的意见丰富了本书的内容。

这里介绍的地震反演方法是在石油储层建模研究中心（现为自然资源与环境研究中心的石油集团，CERENA — Centro de Recursos Naturais e Ambiente）开发和实施的。我们要感谢 Jean Paul Diet 向我们介绍了地质统计学反演概念并帮助我们获得 CGG 的资金支持。我们还要感谢 Thierry Colleau 在起初阶段引导我们，并感谢 Partex Oil and Gas 的 António Costa Silva、Luís Guerreiro 和 Carlos Maciel，他们在中东地区为我们提供了鼓励和支持，并帮助我们找到真实的应用场景。

巴西石油公司的地球物理学家 Guenther Neto、Lucia Dillon 和 Evaldo Mundim 为这些方法带来了新的见解和丰富的实践经验。最后，但并非不重要，我们要感谢石油储层建模中心（CMRP）的许多研究人员以及我们的同事和朋友，特别是 Maria João Pereira、Ana Horta、Rúben Nunes、Pedro Correia 和 Hugo Caetano，在过去的 15 年里，在许多项目、论文和出版物中发展了这些方法。

最后，特别感谢 Ângela Pereira、Catarina Marques 和 Pedro Pereira 对手稿进行详细修订和提出宝贵的建议，以及 Rúben Nunes 开展的 DSS 相关算法的所有编程工作。

葡萄牙里斯本

莱昂纳多·阿泽维多

阿米尔卡·苏亚雷斯

缩写和数学符号列表

AVA	振幅随角度的变化
AVO	振幅随偏移距的变化
BHP	井底压力
$C_{i,j}(h)$	距离为 h 的变量 $Z_i(.)$和 $Z_j(.)$的协方差
Cdf	累积分布函数
CMP	共中心点
co—DSS	直接序贯协模拟
CSEM	可控源电磁法
C_0	块金效应
DSS	直接序贯模拟
E{}	期望值
GEI	全局弹性反演
GSI	全局随机反演
h	距离向量
I_P	声阻抗
I_S	弹性阻抗
LFM	低频模型
MCMC	马尔科夫链蒙特卡洛
MDS	多维标度分析
OPR	采油率
OK	普通克里金法
Pdf	概率分布函数
RC	反射系数
RF	随机函数
RPM	岩石物理模型
RV	随机变量
R(0)	法向入射
SGS	序贯高斯模拟
SK	简单克里金估计
S_w	含水饱和度
v_p	纵波传播速度
v_S	横波传播速度

WPR	产水率
$\gamma(h)$	距离 h 的变差函数或半变差函数
$\gamma_{i,j}(h)$	对于距离 h 的变量 $Z_i(.)$和 $Z_j(.)$之间的交叉变差函数
σ_E^2	克里金估计方差
$\rho_{x,y}$	变量 x 和 y 之间的 Pearson 相关系数
$\rho(h)$	关于 h 的自相关函数
μ	拉格朗日参数

目　　录

第1章　将地震反射数据整合到地下地球模型中的地质统计学方法

1.1　空间分辨率差异

由于深层目标区地球物理数据(特别是地震反射数据)质量的提高，在评估感兴趣的地下地质体性质的不确定性时，用于地下建模和表征的地震反射数据的整合已成为储层表征中最重要的挑战之一。

直接利用地震资料作为储层描述资料面临着一个问题：地震反射资料的低垂向分辨率与测井资料的高垂向分辨率之间的垂向分辨率差距问题。鉴于空间分辨率的这些差异，很难提取地震振幅与测井数据中孔隙度或声阻抗信息之间的关系，以遵循传统的联合随机序贯模拟或其他随机序贯模拟的传统工作流程(Deutsch and Journel，1992)。

整合地震反射数据更传统的工作流程是，对地震反射数据进行地震反演推断地下弹性性质(例如，声学和/或弹性性质)，然后对地下岩石物理性质(例如，孔隙度、岩相和饱和度)进行建模。这些地震属性的分辨率和测井数据更吻合。利用地质统计学方法，如随机序贯协模拟(见第3章)，反演得到弹性模型。随机序贯协模拟将待建模性质的测井数据作为主要变量，将反演弹性模型作为次要变量来模拟目标区的岩石物理属性。在这种序贯方法中，岩石物理建模分为两个独立的步骤(图1.1)。目标区的岩石物理性质是从反演地层模型推断的，而不是反演过程的直接结果；因此所得到的岩石物理模型并不直接受地震反射数据的约束。

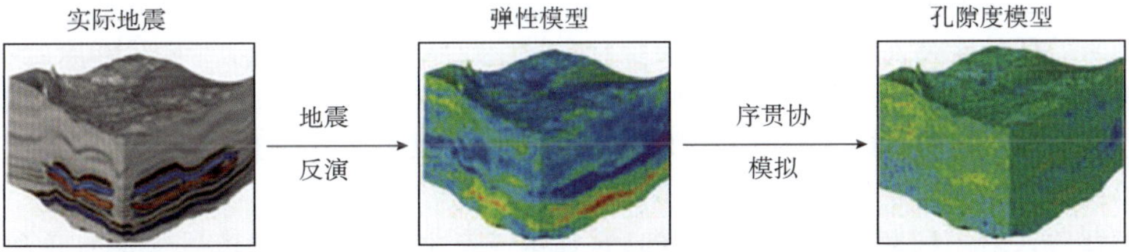

图1.1　传统地质建模工作流程示意图，从反演弹性模型推导岩石物理模型(如孔隙度)

另一种方法是将地震属性(例如，声阻抗)解释为主要岩石物理属性(孔隙度)的趋势。在这些情况下，可以应用局部均值随机模拟方法(见第3章)。由于局部趋势通常是主要属性空间分布的平滑，因此空间分辨率之间的最终差异变得不那么重要。即使如此，在联合随机序贯模拟和具有已知局部趋势的随机序贯模拟方法中，地震和测井数据之间的空间分辨率差距仍然是一个问题。

1.2 地震反演

本书重点介绍将地震数据整合到地下地层模型中的不同方法：地震反演。地震反演数据或其振幅通常与地下岩石物理性质（如岩相、孔隙度和饱和度）的相关性很差。但是，这些岩石物理性质通常与声阻抗和/或弹性阻抗有显著关系。例如，作为岩石密度和速度乘积的声阻抗通常与孔隙度具有良好的反比关系。

声阻抗和/或弹性阻抗与地震振幅 A 在物理上相关，地震振幅可以通过地震反射率 r（由声/弹性阻抗导出）与已知子波 w 的卷积得到：

$$A = r \cdot w \tag{1.1}$$

其中，A 是记录的地震振幅，通过将地下反射系数 r 与估计的子波 w 进行卷积而获得的，地下反射系数取决于地下地层的弹性性质（P 波、S 波速度和密度）。

这种物理关系导致了基于反演问题求解的一类新方法：人们想要知道模型参数（即，岩相、孔隙度或相关的声阻抗或弹性阻抗），可以由其导出反射率系数，再与已知的子波卷积产生已知的解，即记录的地震振幅。

Tarantola(2005)中描述了地震反演的理论解。地震反演问题最初是用确定性方法来处理，确定性方法基本上是寻求目标函数最小化的优化过程；该目标函数通常是合成地震反射数据与观测到的地震反射数据之间的误差。而合成地震反射数据是由扰动初始猜测弹性模型获得的。

近年来，地震反演已成功地扩展到统计框架，用于评估所推断三维地下弹性模型的不确定性，这也是确定性反演方法的主要局限性之一。统计框架下有两种不同的随机方法来解决地震反演问题。随机地震反演算法的一种方法，即线性化贝叶斯反演（Buland and Omre，2003），是基于贝叶斯框架下的反演问题的特定解决方案。该方法假设参数和观测值，以及数据误差，都服从多元高斯分布，允许对模型进行线性化处理（第 4 章）。在此框架内的后验分布也是多元高斯的。第二类随机方法将地震反演作为迭代和收敛过程中的优化问题来处理。这类方法包括迭代地质统计学地震反演方法。它们基于随机和联合序贯模拟来生成可能解，然后用优化算法（例如，遗传算法、模拟退火）保证可能解与已知地震振幅的收敛。这些地质统计学反演方法是本书的重点（第 4 章），它们基于的是直接随机序贯模拟以及具有局部和点分布的联合模拟。因为并没有对参数和观测数据进行任何非线性变换，这些方法对不同数据整合的反演问题（如第 6 章中地震反射和电磁数据的联合反演，或整合生产数据的地震反演）准确求解具有很高的潜力。

第 2 章　用于数据整合的基础地质统计工具

地球物理学家和其他地球科学家是这本书的潜在读者。本章的目的是总结地质统计学的基础知识，重点关注随机模拟（第 3 章）和地震反演（第 4 章和第 5 章）中使用的方法。如果想了解更多地质统计学方面的知识，我们推荐 Journel and Huijbreghts（1978），David（1977），Isaaks and Srivastava（1989），Goovaerts（1997）以及 Chilès and Delfiner（1999）撰写的论文。关于地质统计学的广泛应用，推荐阅读以下不同国际地质统计学大会的论文汇编：Verly et al.（1984），Armstrong et al.（1989），Soares（1993），Baafi and Schofield（1997），Kleingeld and Krige（2001），Leuangthong and Deutsch（2004），Ortiz and Emery（2008），Abrahamsen et al.（2012）。

近年来，地质统计学开始在油气储层表征的建模和表征工作流程中发挥核心作用（Dubrule，2003）。根据定义，地质统计学是一套统计学工具，在只知道目标属性在稀疏和离散位置的值的情况下，描述其空间和/或时间分布（Goovaerts，1997）。尽管该方法很具有潜力，但在储层地质建模工作流程中，传统上地质统计学工具的使用仍然限于稀疏井位置之间的储层内部性质（例如孔隙度、速度）的三维内插。

现在地质统计学技术的重要性已经大大增加，这主要是因为它能够在储层网格同一框架内整合不同性质的地球物理和测井数据。例如，与完全基于测井数据的储层模型相比，在地质建模期间整合地震反射数据可以得到更详细、非均质和可靠的储层模型。这是由于与井数据相比，地震数据提供了更高的空间覆盖范围（Doyen，2007）。最著名的地质统计学算法是克里金法（第 2.3 节：Deutsch and Journel，1992）和条件模拟（第 3 章：序贯高斯模拟、直接序贯模拟：Deutsch and Journel，1992；Gomez－Hernandez and Journel，1993；Verly，1993；Soares，2001）。

确定性模型通过使用观测值（实验数据）的线性组合来估计位置 x_0 处的目标属性值 $z(x_0)^*$。在该框架内，推断值被认为对应于该未知位置的真实值，$z(x_0)=z(x_0)^*$。内插值被认为没有相关误差，潜在的基本假设是，被建模的物理系统是完全已知的（Goovaerts，1997）。由于假设所推断参数中没有不确定性，因而确定性模型几乎不适合描述复杂的非均质系统，如碳氢化合物储层。在这些环境中，对所建模的物理系统的了解非常有限，应该在建模过程中评估不确定性（Caers，2011）。

与确定性模型不同，使用概率框架反映了我们对所建模的自然地球系统缺乏了解。在位置 x_0 处，概率框架提供了目标属性的可能值分布以及其发生概率，允许评估在特定目标区位置处建模属性的空间不确定性（Caers，2011）。最后，值得注意的是，从概率方法得到的任何模型都受到一些先验概率分布假设的约束，这些先验概率分布是根据可用的实验数据和变差函数模型或训练图像施加的空间连续性模型估计的（Goovaerts，1997；Strebelle，2002）。

本节介绍了主要的地质统计学随机序贯模拟方法，因为它们在当前的建模工作流程中评估空间不确定性方面很重要，而且在石油和天然气行业中缺乏对这一系列算法的真正理解。第 3 章专门讨论随机序贯模拟算法。这些算法是第 4、第 5 和第 6 章中地质统计学建模技术的基础。

2.1 空间连续性模式分析和建模

在地球科学中，与地质统计模型相关的许多成就都与利用相关统计数据来再现地下三维数值模型的能力有关。这种再现对于所研究的物理性质的空间连续性和变异性特别有效。

这里介绍的地质统计学方法的目的是生成地下数值模型，该模型再现了主要统计数据和空间分布，因为它们作为可用信息和实验数据的结果被量化(或估计)。因此，在本节中，我们讨论地质统计工具，可以在研究区测得稀疏位置属性的情况下，推断自然资源的空间连续性分布模式。

对给定属性的空间分布进行建模在地质统计学方法中起着关键作用，可以实现两个目标：第一，储层性质空间模式的表征和量化，这通常在地质统计学中称为空间连续性分析，即目标储层性质空间连续性的量化以及它在不同空间方向上变化的方式；第二，它也是空间推断/估计、模拟和地质统计学反演方法的基础，这些方法将在以下章节中介绍。

2.1.1 两点统计

让我们从一张图像或者说二维模型的简单示例开始，该模型具有双相现象：在给定区域 A 内有一个物体 X，A 在两种不同的情况下由 X 和它的补集 X^c($A=X\cup X^c$)组成(图 2.1)。我们将量化两种情况下空间连续性的程度。

为了计算 X 在 A 中的比例，我们可以使用一个点遍历 A 中所有可能的位置，如果该点与物体 X 相交，则取值“1”，如果它与其互补的 X^c 相交，则取值“0”。取值为“1”的绝对频数与 A 内的所有位置总数之间的比率是在 X 中 A 所占比例的估计量。

同样地，为了测量 X 的空间连续性或分散性，我们可以考虑一个半径为 r 的圆，遍历 A 中的所有位置，并计算它完全包含在 X 中的次数。增加半径 r 使我们能够评估两种情况下 X 的连续性。假设指示变量 I_r，如果以 x 为中心，半径为 r 的圆，完全包含在 X 内，则 $I_r(x)=1$；而如果圆不完全包含在 X 内，则 $I_r(x)=0$。空间连续性的这种相对测量(其与 r 的大小成反比)由以下积分计算给出(式 2.1)：

$$\frac{1}{A}\int_A l_r(x)\mathrm{d}x \tag{2.1}$$

在前面描述的情况下，在图像处理中，特别是在数学形态学中，半径为 r 的圆被认为是一个允许推断 X 的空间连续性的结构元素(Serra，1982)。然而，也可以采用其他结构元素达到相同的目的：线段 l 或由矢量距离 h 分开的两点对，在形态表达上比圆更丰富。与圆相比，其他结构元素允许测量其他参数，例如 X 的各向异性程度，即 X 在不同空间

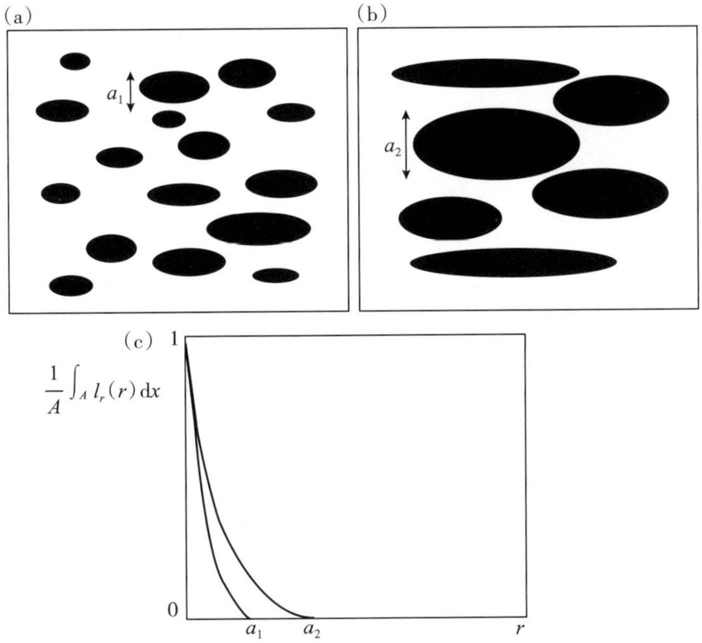

图 2.1　以圆为基本结构元素，两幅图像(a)和(b)中 X 的空间连续性如(c)所示

方向上的连续性变化方式。

虽然没有线段表达丰富，但作为测量自然资源的空间连续性的结构元素，两点结构是地质统计学中最常用的。值得注意的是，与线段不同，两点结构不包括连通集的概念(两个点可以同时属于 X，而未连接)。然而，我们从给定的资源中的获得的知识通常不是从二维空间描述中(图 2.1)获取的 。在实践中，我们通常可以获得位于研究区域内的稀疏有限的离散样本组(例如，井数据、岩芯样本、土壤样本)。因此，对给定属性的空间连续性的推断通常可以通过两点结构元素获取(见第 2.1.4 节)。

2.1.2　复杂形态模式：辅助图像和参考图像

在某些情况下，物体的连通性对于资源的表征至关重要(例如，与油气藏相关的辫状河沉积环境中的河道砂)。在这些情况下，考虑到两点结构在表征两个不同物体的连通性方面的局限(见上文)，我们可能不得不采用返回到协变量的替代图像，以成功再现这些复杂的空间模式。例如，这些复杂结构的空间分布可以从 2D 和/或 3D 图像、概念模型，或者目标油气储层获取的地球物理数据解释中推断。尽管它们是辅助变量，直接或间接地与目标属性相关，但是这样的信息(例如，地震振幅、电阻率)可以用作联合模拟的辅助变量，或用作地质统计反演的目标图像，以在地质建模工作流程内再现那些复杂的空间模式。

当地球物理数据稀缺或无法获取时(例如在早期勘探阶段)，另一种可靠的替代方法是使用给定沉积环境中可行的地球物理模型。实际情况下的表征是通过收集目标区所有信息建立的(例如，来自相似邻区的信息，或地质学家的专业意见)，这些表征通常被称为参考图像。在线元示例中，利用这些参考图像来量化多点结构元素特征的连续性和连通性

(Strebelle，2002；Arpat and Caers，2007；Mariethoz et al.，2010；Renard and Allard，2013；Mariethoz and Caers，2014)。

虽然这些多点统计方法不是本书的重点，但强调它们在复杂地质环境中的应用是很重要的。选择多点统计工具量化给定属性的空间连续性依赖于实际图像和参考图像之间的相似度。

2.1.3 空间随机场

随机变量(RV)被定义为满足概率分布函数的所有值。如果结果的范围是连续的，则它可以是连续的；如果结果是有限的并且没有任何特定的顺序，则它可以是离散的。利用随机变量的概念，研究区域(例如，储层网格)内给定位置处的属性值(例如，孔隙度、声阻抗)可以解释为随机变量 $Z(x_1)$的单个实现 $z(x_1)$。这些依赖随机变量的集合被定义为随机场(RF)(Ventsel，1973)。

为了正确地对随机过程建模，不需要对所有相关的随机变量及其对应的多元分布进行显式表征。相反，在一些先验假设下，只需要对一定数目的参数进行给定性质的空间表征，诸如平均值(式 2.2)和方差(式 2.3；Isaaks and Srivastava，1989)：

$$E\{Z(x_i)\}=m(x_i)=\int_{-\infty}^{+\infty} z\,\mathrm{d}F_{x_i}(z) \tag{2.2}$$

$$\mathrm{var}\{Z(x_i)\}=\int_{-\infty}^{+\infty}[z-m(x_i)]^2\,\mathrm{d}F_{x_i}(z) \tag{2.3}$$

式中：$F_{x_i}(z)$是随机变量 $Z(x_i)$的概率分布函数。

如果我们考虑两个随机变量，例如 $Z(x_1)$和 $Z(x_2)$，则两个变量之间的协方差如下：

$$C(Z(x_1),\ Z(x_2))=E\{Z(x_1)Z(x_2)\}-m(x_1)m(x_2) \tag{2.4}$$

$$E\{Z(x_1),\ Z(x_2)\}=\int_{-\infty}^{+\infty}\int_{-\infty}^{+\infty} xy\,\mathrm{d}^2F_{x_1,x_2}(x,\ y) \tag{2.5}$$

式中：$F_{x_1,x_2}(x,\ y)$是二元分布函数：

$$F_{x_1,x_2}(x,\ y)=\mathrm{prob}\{Z(x_1)<x \text{ and } Z(x_2)<y\} \tag{2.6}$$

两个随机变量在空间上相关性通常由变差函数模型描述。

两个随机变量之间的变差函数可以表示为：

$$\gamma(Z(x_1),\ Z(x_2))=E\{[Z(x_1)-Z(x_2)]^2\} \tag{2.7}$$

在空间随机场(RF)假设下，得到的实验数据被解释为是单一实现 $z(x_i)$，$i=1,\cdots,N$(其中 N 等于实验数据集中样本的总数)。该单一实现是满足空间相关随机变量的随机函数。因此，根据定义，对于给定的随机场(RF)，不可能得到高于一个实现(x_1)的采样。即使同一位置被采样两次，每个样本集也将对应于同一随机场(RF)中的两个不同实现 $z(x_i)$(Goovaerts，1997；Soares，2006)。

然而，随机函数的单一实现不足以完全描述其统计矩。只有当我们能够在研究区域内的给定位置重复采样时，才能推断这些统计矩。给定随机场(RF)的一阶和二阶统计矩只能通过研究区域内不同的平稳性水平来计算：均值的平稳性和空间协方差的平稳性(Goovaerts，1997；Soares，2006）。

在预定义的目标区域 A 内，平稳性取决于实验数据估计的常数平均值和空间连续性模式。考虑到平稳性，我们可以假设所有 RV 在有限区域内具有相同的平均值。在此假设下，平均值与位置 x_0 无关，在整个区域内为一常数。在该框架下，平均值可以通过随机场 RF（如实验数据）所有实现的算术平均求得，假设随机场（x_α）由 N 个样点组成，则

$$m = \frac{1}{N}\sum_{i=1}^{N} Z(x_\alpha) \quad \alpha = 1,\ \cdots,\ N \tag{2.8}$$

两个随机变量之间的相关性如果只与两个变量之间的距离——向量 h 有关，而与每个变量的位置 x_0 无关，则可以定义二阶矩的稳定性。例如，$Z(x_1)$和 $Z(x_2)$之间的变差函数：

$$\gamma(Z(x_1),\ Z(x_2)) = \gamma(Z(x_l),\ Z(x_{l+h})) = \gamma(h) \tag{2.9}$$

根据定义，平稳性的确定永远不能被证明或反驳，因为我们只知道随机函数的一个实现。值得注意的是，平稳性是随机函数或地质统计模型的一种性质，需要从空间上推断远离实验数据的位置的性质。这里并没有假设我们试图建模的地球物理系统本身是稳定的。我们还需要测试实验数据在整个研究区域的均匀性。如果这个假设不能在整个研究区域中成立，那么不得不将区域划分为更小的区域，在这些小区域中更好地确定平稳性（Goovaerts，1997）。

2.1.4　变差函数和空间协方差

给定一个定量化属性 $Z(x)$，则可以计算不同 h 值下点对 $Z(x)$与 $Z(x+h)$的统计参数交会图，交会图包含了更多关于 $Z(x)$的空间连续性的信息。

图 2.2 显示了沿钻井轨迹取样的测井数据。对每口井，我们对距离为 h 的两点 $Z(x)$与 $Z(x+h)$进行采样。图 2.3 显示了垂直方向上不同 h 值的两点 $Z(x)$和 $Z(x+h)$的交会图：$h=1$、2、3、10。对于 $h=1$，我们可以推断样本 $Z(x)$的值之间有良好的线性相关性。这意味着在位于 x 的样本值与位于正下方的样本值之间存在良好的相关性。一旦 h 的值增加，点云就开始分散，样本的空间相关性降低。我们可以从图 2.3 中看出，相隔距离 $h=10$ 的样品之间没有相关性。

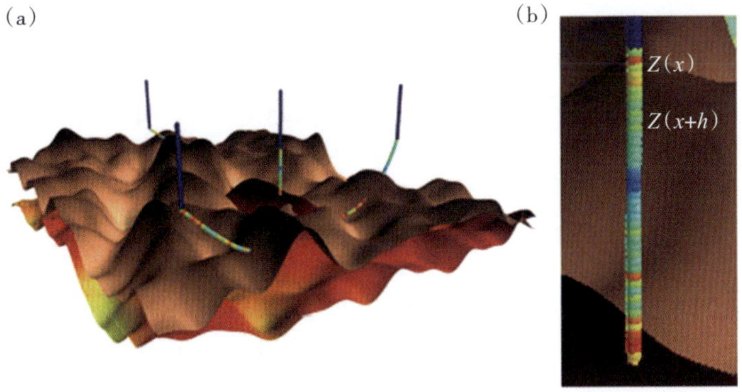

图 2.2　(a)表示四口井和沿着井轨迹测量的目标区性质的样本；(b)是沿着井轨迹垂直采样的井放大图

在不同步长(h)条件下，在该井位置处可以利用两点统计得到一组图。这组图包括了变量 $Z(x)$分散度/连续性有关的几乎所有信息。然而，为了更好地进行解释和进一步使用，必须将图 2.3 中的两点统计图合成一个单一工具。总结两点之间的离散度可以更好地表征属性随 h 增加发生的变化。例如，可以用关于 h 的函数来表示相关系数(Pearson 相关性)，生成通常的相关图(图 2.4)。

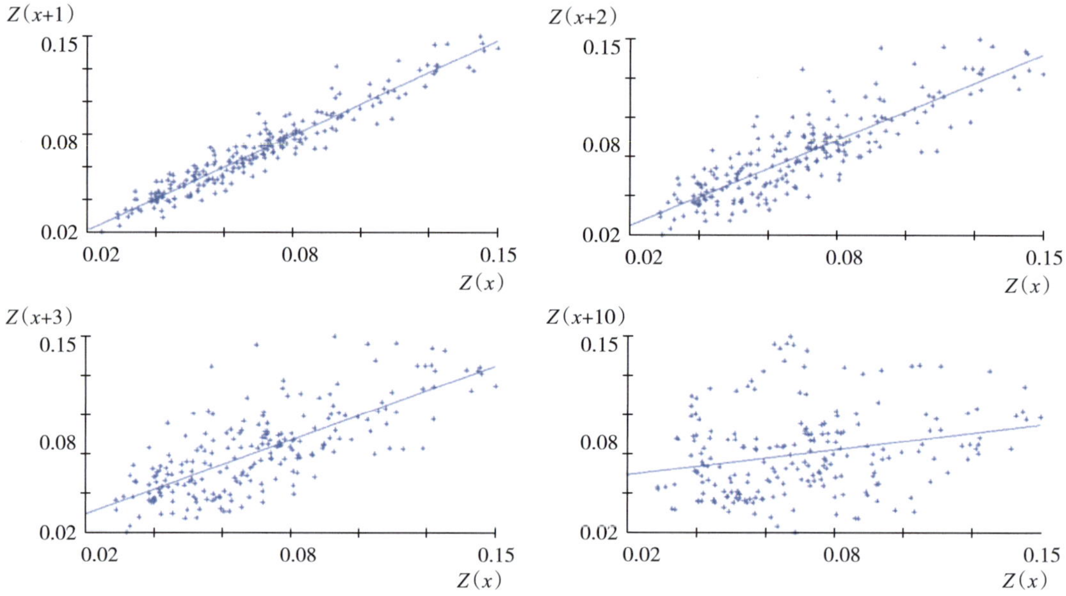

图 2.3　垂直方向上不同距离(h 值)下 $Z(x)$与 $Z(x+h)$的两点统计图，h=1、2、3、10

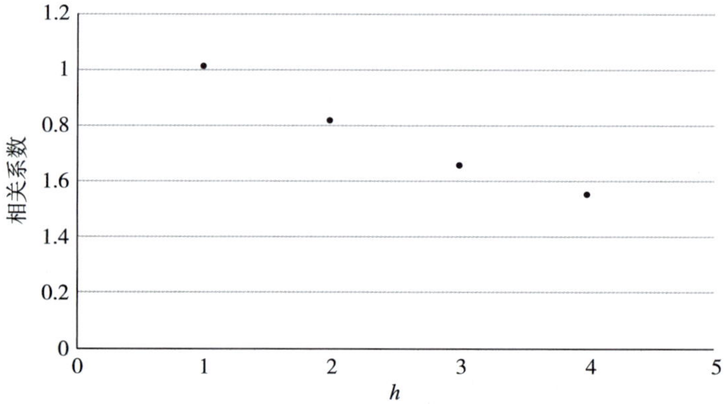

图 2.4　距离 h 从 1 到 4 的相关图

除了相关图(图 2.4)外，还有其他的方式来分析不同点对($Z(x)$，$Z(x+h)$)的分散度，并且生成一系列统计量，对 $Z(x)$的连续性进行量化。例如，每个交会图可以通过 $Z(x)$ 和 $Z(x+h)$ 之间的最小平方和均值求出，这通常称为变差函数(或半变差函数：式 2.10)：

$$\gamma(h)=\frac{1}{2N(h)}\sum_{\alpha=1}^{N(h)}[Z(x_\alpha)-Z(x_\alpha+h)]^2 \tag{2.10}$$

式中：$N(h)$是每个距离为 h 值的点对数量。

注意，所有这些统计量都表示给定位置的变量 $Z(x)$的空间连续性。换句话说，空间连续性及其表征仅限于井周围的区域。如果不用单个井，而是考虑位于储层内并且与不同地质层相交的具有相同方向的所有井，则得到的变差函数(式 2.10)或相关图，将表征井组所覆盖的空间。

现在考虑一个与大型曲流河道有关的沉积环境的例子。这样的地质背景通常描述为各向异性，即随空间方向不同，空间的连续性/变化幅度也不同。例如，像孔隙度和渗透率这种岩石物理性质在地质地层内通常更连续，变化也很小，而在地层之间变化更大。对于不同的方向，可以使用两点值($Z(x)$，$Z(x+h)$)进行相同的计算，对整个空间评估属性 $Z(x)$的空间连续性。

另外一种计算空间连续性的方法是求取给定距离 h 的 $Z(x)$与 $Z(x+h)$乘积的平均值。其结果是非中心协方差估计(式 2.11)：

$$C(h)=\frac{1}{N(h)}\sum_{\alpha=1}^{N(h)}[Z(x_\alpha)\cdot Z(x_\alpha+h)] \tag{2.11}$$

中心协方差估计：

$$C(h)=\frac{1}{N(h)}\sum_{\alpha=1}^{N(h)}[Z(x_\alpha)\cdot Z(x_\alpha+h)]-m(x_\alpha)\cdot m(x_\alpha+h) \tag{2.12}$$

式中：$m(x_\alpha)=\frac{1}{N(h)}\sum_{\alpha=1}^{N(h)}Z(x_\alpha)$ 和 $m(x_\alpha+h)=\frac{1}{N(h)}\sum_{\alpha=1}^{N(h)}Z(x_\alpha+h)$ 是在位置 x_α 和 $x_\alpha+h$ 上所有点的算数平均值。其中，$\alpha=1$，…，$N(h)$。

协方差估计(式 2.12)也可以用相关图(或归一化协方差)表示：

$$\rho(h)=\frac{C(h)}{\sqrt{\sigma^2_{(x_\alpha)}\cdot\sigma^2_{(x_\alpha+h)}}} \tag{2.13}$$

式中：$\sigma^2_{(x_\alpha)}=\frac{1}{N(h)}\sum_{\alpha=1}^{N(h)}[Z(x_\alpha)-m(x_\alpha)]^2$，$\sigma^2_{(x_\alpha+h)}=\frac{1}{N(h)}\sum_{\alpha=1}^{N(h)}[Z(x_\alpha+h)-m(x_\alpha+h)]^2$。

假设增量 h 平稳(见第 2.1.3 节)，最小平方均值和乘积均值是二阶矩的估计值：变差函数(式 2.14)和中心协方差(式 2.15)：

$$\gamma(h)=\frac{1}{2}E\{[Z(x)-Z(x+h)]^2\} \tag{2.14}$$

$$C(h)=E\{Z(x)Z(x+h)\}-E\{Z(x)\}E\{Z(x+h)\} \tag{2.15}$$

我们得到变差函数和协方差之间的关系(式 2.16)：

$$\gamma(h)=C(0)-C(h) \tag{2.16}$$

然后我们就可以用相关图(式 2.17)表示：

$$\rho(h)=\frac{C(h)}{C(0)} \tag{2.17}$$

变差函数和协方差函数之间的关系(式 2.16)如图 2.5 所示。

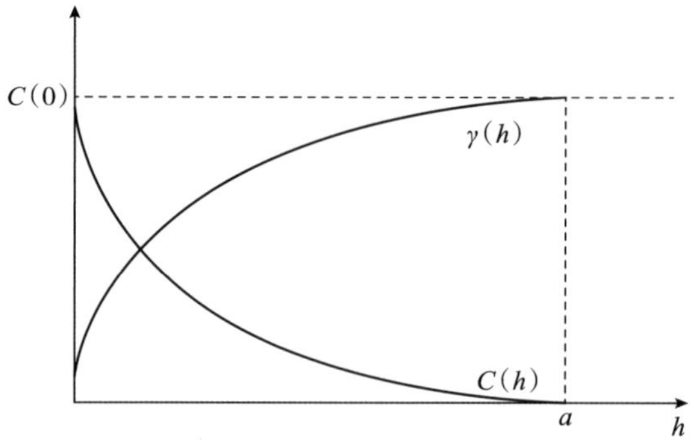

图 2.5 随步长 h 的增加，协方差 $C(h)$ 和变差函数 $\gamma(h)$ 之间的关系

2.1.5 变差函数的空间表征

如第 2.1.3 节所述，重要的是将概率模型的平稳假设与实验样本的代表性和均匀性联系起来，这是计算平稳统计量(均值和方差)的基础。

对于一阶统计矩，在均值平稳假设的条件下，区域 A 内 N 个样本的均值，$m_z = \frac{1}{N}\sum_{\alpha=1}^{N} Z(x_\alpha)$，是随机函数 $Z(x) - E\{Z(x)\}$ 期望值的估计。

一旦我们得到随机函数 $Z(x)$ 的一个实现，例如区域 A 中的一组值 $Z(x_\alpha)$，我们就能保证 m_z 是空间积分的良好估计(式 2.18)：

$$m_z = \frac{1}{A}\int_A z(x)\mathrm{d}x \tag{2.18}$$

假设随机函数 $Z(x)$ 的平均值是平稳的，也就是整个区域 A 是均匀的，那么随机函数 $Z(x)$ 的唯一实现可以表征整个区域。这同样适用于到二阶统计矩：变差函数(式 2.14)和协方差(式 2.15)。

给定一个封闭区域 A 和距离矢量 h，如图 2.6 所示，则新的区域 A_{+h}，可以由距离 A 中样本 x 为 $+h$ 的样本 $x+h$ 定义(式 2.19)：

$$A_{+h}:\ \{x+h \mid x \in A\} \text{或} \{x \mid x-h \in A\} \tag{2.19}$$

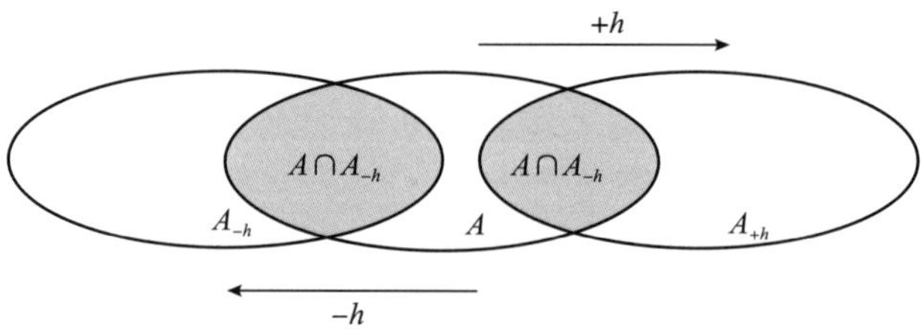

图 2.6 协方差和方差估计值的空间表征示意图

同样地，我们可以定义 A_{-h}(式 2.20)：

$$A_{-h}:\ \{x-h \mid x \in A\} \text{或} \{x \mid x+h \in A\} \tag{2.20}$$

当样本 x 和 $x+h$ 都属于 A 时，变差函数定义为偏差 $(Z(x)-Z(x+h))$ 的方差。它由图 2.6 两个灰色区域的并集表征：$(A\cap A_{+h})\cup(A\cap A_{-h})$。

根据 A 的空间积分，变差函数可以用下式表示：

$$2\gamma(h)=\left[\frac{1}{A\cap A_{+h}}\int_{A\cap A_{+h}}[Z(x)-Z(x+h)]^2\mathrm{d}x+\frac{1}{A\cap A_{-h}}\int_{A\cap A_{-h}}[Z(x)-Z(x-h)]^2\mathrm{d}x\right] \tag{2.21}$$

当距离矢量 h 很小时，如小于 A 的尺寸的一半，则变差函数与 A 近似：

$$(A\cap A_{+h})\cup(A\cap A_{-h})\approx A$$

因此，当计算变差函数估计值时，我们必须考虑到它在 A 中的表征依赖距离向量 h 的大小。对于实际应用而言，当 h 大于 A 尺寸的一半时，就应该怀疑变差函数 $\gamma(h)$ 的表征性。

除了空间表征性，变差函数的每个值还与每个步长为 h 的两点对 $(Z(x),\ Z(x+h))$ 的均匀性相关。例如，一个单一的异常值 $Z(x_i)$ 可能会导致 $[Z(x_i)-Z(x_i+h)]^2$ 突然变大，意味着对于给定的 h，均值 $\gamma(h)$ 相应变大，空间相关性变弱。我们可以认为这个样本是不正常的，空间表征有限。如果计算出的变差函数在不考虑异常值 $Z(x_i)$ 的情况下更有规律性(在某种程度上，它与 $\gamma(h)$ 的其余值更相似)，则应该用它作为整个区域的剩余样本的代表。注意，在这些情况下，在局部估计过程中，应特别注意 $Z(x_i)$ 周围的区域，以确保样本的影响区域不会对估计产生较大影响。根据定义，$\gamma(h)$ 不能用来表征具有较大空间变化的 $Z(x_i)$ 及其周围的样点。

2.1.6　多变量系统的空间连续性

考虑如下情况，对于单个样本的空间位置，我们测量多个属性 $Z_1(x_i)$，$Z_2(x_i)$，… $Z_N(x_i)$：例如，在沿着井轨迹的相同位置处测量的 P 波速度、S 波速度和密度。

这些属性 $Z_1(x)$，$Z_2(x)$，… $Z_N(x)$ 中的每对变量之间的相关性可以通过 N 个样本集的相关系数来测量(式 2.22)：

$$\rho(Z_1,\ Z_2)=\frac{1}{N\sigma_1\sigma_2}\sum_{i=1}^{N}[(Z_1(x_i)-m_1)(Z_2(x_i)-m_2)] \tag{2.22}$$

式中：m_1 和 m_2、σ_1^2 和 σ_2^2 分别是 $Z_1(x)$ 和 $Z_2(x)$ 的均值和方差。

我们现在可以概括不同变量之间的相关性，并计算位于 x 处变量 $Z_1(x)$ 和位于 $x+h$ 处变量 $Z_2(x)$ 之间的相关性。每对变量与距离 h 之间的空间依赖性可以通过交叉变差函数、交叉协方差和互相关来表征(Goovaerts，1997)。

评估变量之间的空间依赖性是重要的，因为我们通常必须使用次要变量(一般较多)来估计主要变量(不太多)，假设两者之间存在空间相关性。这通常发生在利用已知井位置处的声阻抗模型估计孔隙度模型时，该声阻抗模型可以由整个区域 A 的地震反演得到。

迄今为止，使用的随机函数模型(见第 2.1.3 节)可以推广到多变量情况。随机变量

RVs 集合可以定义 N_ν 个随机函数，$I=1$，…，N_ν，也可以定义为多变量随机函数：

$$Z_i(x),\ i=1,\ \cdots,\ N_\nu,\ \forall_{x\in A} \tag{2.23}$$

两个变量 $Z_i(x)$和 $Z_j(x)$的联合分布取决于距离向量 h(式 2.24)：

$$F_{ij}(h,\ z_i,\ z_j)=\text{prob}\{Z_i(x)\leqslant z_i,\ Z_j(x+h)\leqslant z_j\},\ \forall_{ij} \tag{2.24}$$

两个变量 $Z_i(x)$和 $Z_j(x)$之间的空间依赖性可以通过交叉协方差函数(式 2.25)或交叉变差函数(式 2.26)来测量：

$$C_{ij}(h)=E\{[Z_i(x)-m_i]\cdot[Z_j(x+h)-m_j]\},\ \forall_{ij} \tag{2.25}$$

$$\gamma_{ij}(h)=\frac{1}{2}E\{[Z_i(x)-Z_i(x+h)]\cdot[Z_j(x)-Z_j(x+h)]\},\ \forall_{ij} \tag{2.26}$$

注意 $\gamma_{ij}(h)=\gamma_{ji}(h)$，但 $C_{ij}(h)$可能与 $C_{ji}(h)$并不相等，意味着该函数与 h 不对称。

交叉变差函数与交叉协方差之间的关系可以描述为：

$$\gamma_{ij}(h)=C_{ij}(0)-\frac{1}{2}[C_{ij}(h)+C_{ij}(-h)] \tag{2.27}$$

如果式 2.25 中的交叉协方差重写为关于 h 的两项之和(式 2.27)，可以很容易地理解，交叉变差函数(式 2.27)只包含第一项。这就是关于 h 的对称性的原因：

$$C_{ij}(h)=\frac{1}{2}[C_{ij}(h)+C_{ij}(-h)]+\frac{1}{2}[C_{ij}(h)-C_{ij}(-h)] \tag{2.28}$$

在实际中，交叉协方差的不对称分量通常被忽略，主要有两个原因(Journel and Huijbreghts，1978)：①由于可用的实验数据量很少，很难在整个研究区域内理解和验证导致交叉协方差不对称的物理现象；②对非对称交叉协方差进行建模是极其复杂的。

因此，对多元系统的空间连续性进行量化的地质统计工具通常是交叉变差函数和对称的交叉协方差：$C_{ij}(h)=C_{ji}(h)$，或 $C_{ij}(h)$与 $C_{ji}(h)$的平均值。

最后，交叉相关图可以通过(式 2.29)来合成：

$$\rho_{ij}(h)=\frac{C_{ij}(h)}{\sqrt{C_{ii}(0)\cdot C_{jj}(0)}}\in[-1,\ 1] \tag{2.29}$$

2.1.7 变差函数建模工作流程

2.1.7.1 用均值表征函数建模

图 2.7(a)为一个实例，即在区域 A 内含有 $Z(x)$的所有值的模型。从参考数据 $Z(x)$中，随机抽取一组有限的实验数据(图 2.7(a)中的黑色实心圆)，并计算其变差函数(图 2.7(b))。基于已知的参考数据集，我们还可以计算研究区域内所有点的实验变差函数，即整个 $\gamma(h)$(图 2.7(c))。

这一步骤在地质统计学框架内是极其重要的，因为它能将空间现象的结构特征(例如分散/连续性和各向异性的程度)合成单一连贯的变差函数模型。

利用建模专家知识进行调节，将模型调整为实验变差函数也是一种常见的做法。

2.1.7.2 正定模型

在对实验变差函数的点进行插值的众多函数中，我们需要选择那些可以计算线性估计

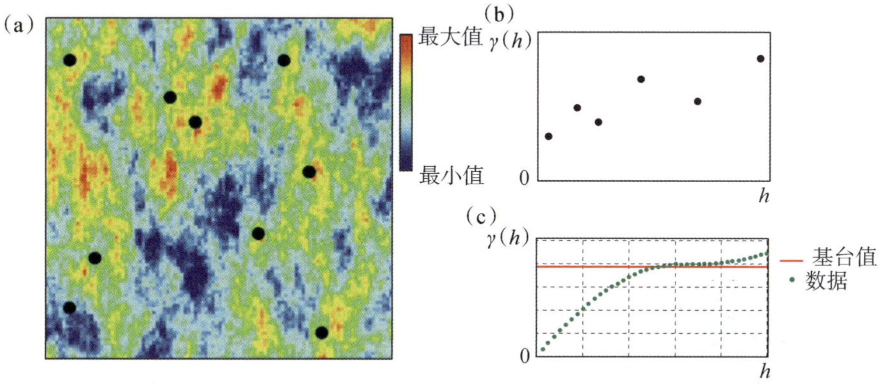

图 2.7　(a)A 区域的已知数据，并且从该数据中抽取了样本集(黑色实心圆)；(b)根据样本集计算的实验变差函数；(c)从数据(a)中计算的实验变差函数

稳定解的函数(第 2.2 节)。要满足此条件，变差函数和协方差必须是正定的。协方差矩阵正定的必要条件是：

$$\sum_i \sum_j \lambda_i \lambda_j C(i, j) \geqslant 0 \tag{2.30}$$

区域 A 内点对之间的协方差的任何线性组合总是正定的。如果我们考虑一个给定的变量 $Z(x_0)$，该变量是随机变量 RVs 中 $Z(x_1)$，$Z(x_2)$，$\cdots Z(x_N)$的一个线性组合(式 2.31)：

$$Z(x_0) = \sum_i \lambda_i Z(x_i) \tag{2.31}$$

则一个正定协方差确保 $Z(x_0)$的方差总是正的：

$$\begin{aligned} \text{变差函数}\{Z(x_0)\} &= E\{\sum_i \sum_j \lambda_i \lambda_j Z(x_i) Z(x_j) - m^2\} \\ &= \sum_i \sum_j \lambda_i \lambda_j E\{Z(x_i) Z(x_j) - m^2\} \\ &= \sum_i \sum_j \lambda_i \lambda_j C(i, j) \geqslant 0 \end{aligned} \tag{2.32}$$

将式 2.16 代入式 2.31，则方差可以写成变差函数：

$$\text{变差函数}\{Z(x_0)\} = C(0) \sum_i \sum_j \lambda_i \lambda_j - \sum_i \sum_j \lambda_i \lambda_j \gamma(i, j) \geqslant 0 \tag{2.33}$$

在不存在 $C(0)$的情况下(即非平稳随机函数)，如果 $\sum \lambda_i = 0$，则方差 $Z(x_0)$存在。因此，如果 $\sum_i \sum_j \lambda_i \lambda_j \gamma(i, j) \leqslant 0$ 的条件是权重之和为零，则能保证方差为正。

2.1.8　理论变差函数模型

正定性条件限制了可用于内插实验变差函数的模型数量。实际中，在地质统计学框架内，只能使用有限的几个正定插值函数：球形、指数、高斯和幂指数函数。

1. 球形模型

球形模型是地质统计学中最常见的模型之一，并且它是两个参数的函数(式 2.34)：基台值(C)，是当 h 增加时，变差函数值趋于的上限；变程 a，是 $\gamma(h)$的值停止增加并且近似等于基台值的距离，通常是实验数据 $Z(x)$的总方差。变差函数的变程 a 是测量数据

$Z(x)$不再相关的距离：

$$\gamma(h)=\begin{cases} C\left[1.5\dfrac{h}{a}-0.5\left(\dfrac{h}{a}\right)^{3}\right] & (h\leqslant a)\\ C & (h>a)\end{cases} \tag{2.34}$$

图 2.8(a)显示了一个地图，其中变量 $Z(x)$的空间分布是用球形模型模拟的(图 2.8(b))，球形模型中，振幅是地图尺寸的 1/3。

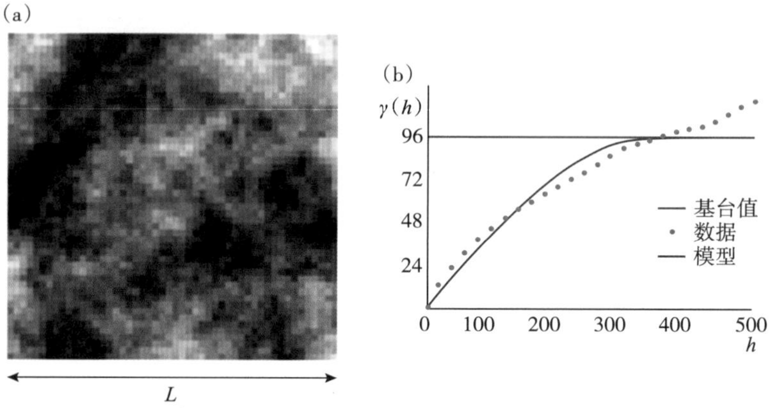

图 2.8 (a)变量 $Z(x)$的空间分布图；(b)一个振幅等于 $L/3$ 的球形模型

2. **指数模型**

指数模型与球形模型的参数相同——基台和变程(式 2.35)——而变差函数趋于基台值的渐近线：

$$\gamma(h)=C\left[1-\exp\left(-\frac{3h}{a}\right)\right] \tag{2.35}$$

在此模型中，变程值是模型到达基台值 95%的距离：$\gamma(h)=0.95C$。

图 2.9(a)显示了，在变程值等于地图长度的 1/3 的范围内，用指数变差函数(图 2.9(b))建模的变量空间分布。

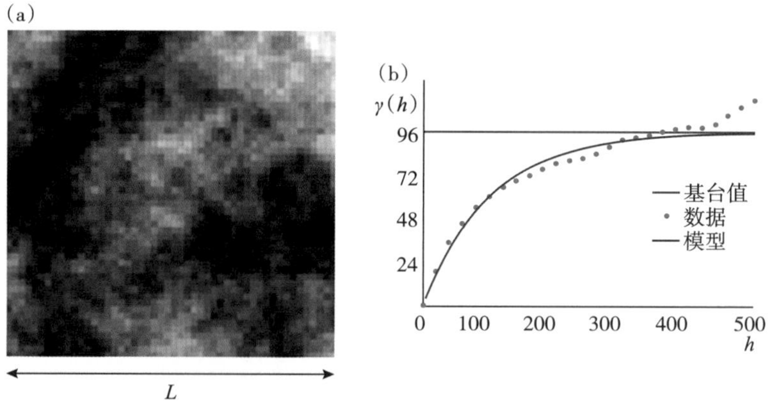

图 2.9 (a)变量 $Z(x)$的空间分布图；(b)一个振幅等于 $L/3$ 的指数模型

比较图 2.8 和图 2.9，球形模型除了在原点附近快速增长之外，还显示了具有较大空间连续性的结构，这是由于球形模型变差函数对于较大距离 h 具有较大的空间相关性。

3. 高斯模型

前面介绍的两个变差函数模型——球形模型和指数模型——在原点附近变差函数增长相对较快，这是不规则自然现象的典型特征。其他更规则和更连续的现象可以通过原点附近变差函数值的缓慢增加来描述，例如抛物线。这就是高斯模型的情况(式 2.36)：

$$\gamma(h)=C\left[1-\exp\left(\frac{-3h^2}{a^2}\right)\right] \tag{2.36}$$

和指数模型一样，变程值 a 是模型到达基台值 95%的距离：$\gamma(h)=0.95C$。

图 2.10 显示了一个高斯变差函数模型的例子，其中变程是地图长度的 $0.2L$。请注意，与球形模型和指数模型获得的空间连续性(图 2.8，图 2.9)相比，高斯模型的空间连续性要大得多且平滑得多。

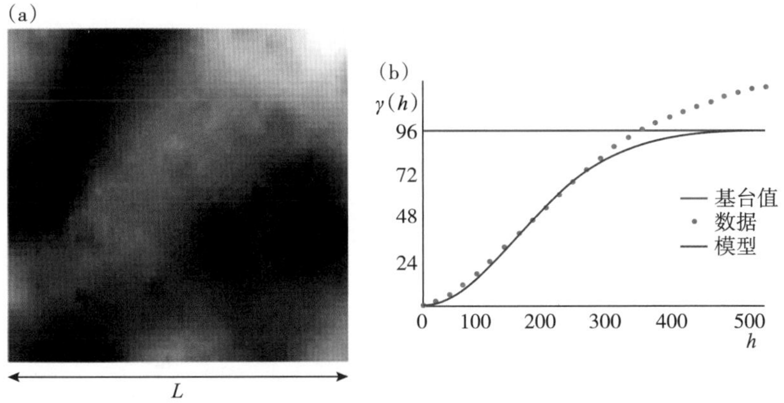

图 2.10　(a)变量 $Z(x)$的空间分布图；(b)一个振幅等于 $0.2L$ 的高斯模型

4. 幂指数模型

到目前为止，所有提及的变差函数模型都有一个基台值。当 h 无限增加时，基台值是变差函数值 $\gamma(h)$趋近的上限。这些模型对于用距离描述过渡现象的情况是足够的，达到变程值时，样品之间的空间相关性不再存在。在这些过渡现象中，协方差和变差函数之间总存在关系，如式 2.16 所示。

然而，还有其他自然现象，$\gamma(h)$的增长与 h 是连续的，并且不倾向于基台值。这些都是非平稳现象，没有确定方差或协方差的概念——此时方差是随着离散场 $Z(x)$的尺寸增加而增长。

在这些情况下，最常用的变差函数模型是幂指数模型(式 2.37)：

$$\gamma(h)=Ch^{\alpha} \tag{2.37}$$

α 的值在 0 与 2 之间。根据 α 的值不同，变差函数有可能是线性的($\alpha=1$)、对数型的($0<\alpha<1$)或是抛物线型的($1<\alpha<2$)(图 2.11)。

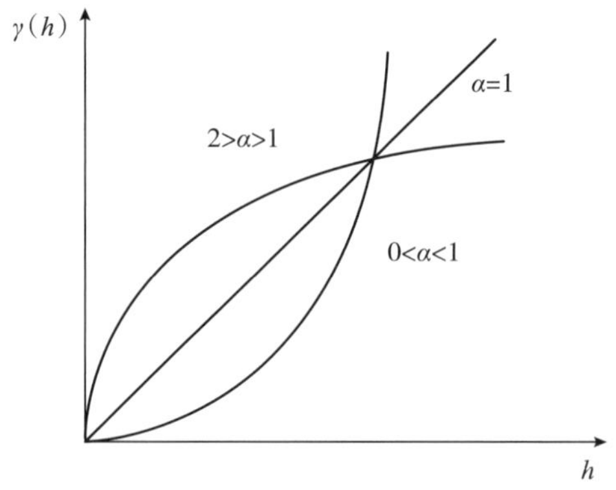

图 2.11　幂指数模型示意图

2.1.9　变差函数模型的线性组合：交差结构

对于大多数自然现象，空间连续性模式很少是简单的，并且很少用单个变差函数模型建模。通常，不同的结构同时共存，具有不同的空间连续性和不同的特征。一个简单的例子如图 2.12 所示，它显示了一个具有两种不同尺度结构的二元过程：第一结构由平均尺寸为 a_1 的物体组成；第二结构由尺寸为 a_2 的物体构成，而 a_2 尺寸的物体是由第一结构组成的。

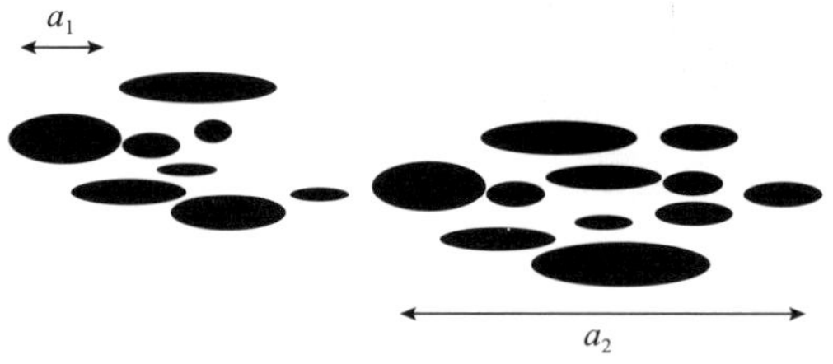

图 2.12　具有两种不同尺寸(a_1 和 a_2)结构的二元过程示例

在这些情况下，通过变差函数值随距离 h 增加而增长的不连续性揭示了叠瓦状结构的联立效应。

为了比较使用不同变差函数模型对属性建模的效果，图 2.13 分别显示了具有不同空间变差函数模型的四个 2D 模型(大小为 1 000 m×1 000 m)：(a)变程为 150 m 的球形模型；(b)变程为 750 m 的球形模型。图 2.13(c)(d)显示了两个具有不同贡献的叠瓦状结构：

1)图 2.13(c)的空间分布模型是通过第一结构尺寸(a=150 m)的 70%和第二结构尺寸(a=750 m)30%加权平均得到的。显然，最小尺寸结构的影响更大。所得的变差函数模型可以由以下线性组合表示：

$$\gamma(h)=0.7Sph(a=150\text{m})+0.3Sph(a=750\text{m})$$

2)图 2.13(d)的空间分布模型是通过第一结构尺寸的 30%和第二结构尺寸的 70%加

权平均得到的，第一结构尺寸的空间分布由 30%的加权平均值建模，第二结构尺寸的空间分布由 70%的加权平均值建模。在这幅图像中，显然最大尺寸结构的影响更大。所得到的变差函数模型可以通过由以下线性组合来表示：

$$\gamma(h)=0.3Sph(a=150\text{m})+0.7Sph(a=750\text{m})$$

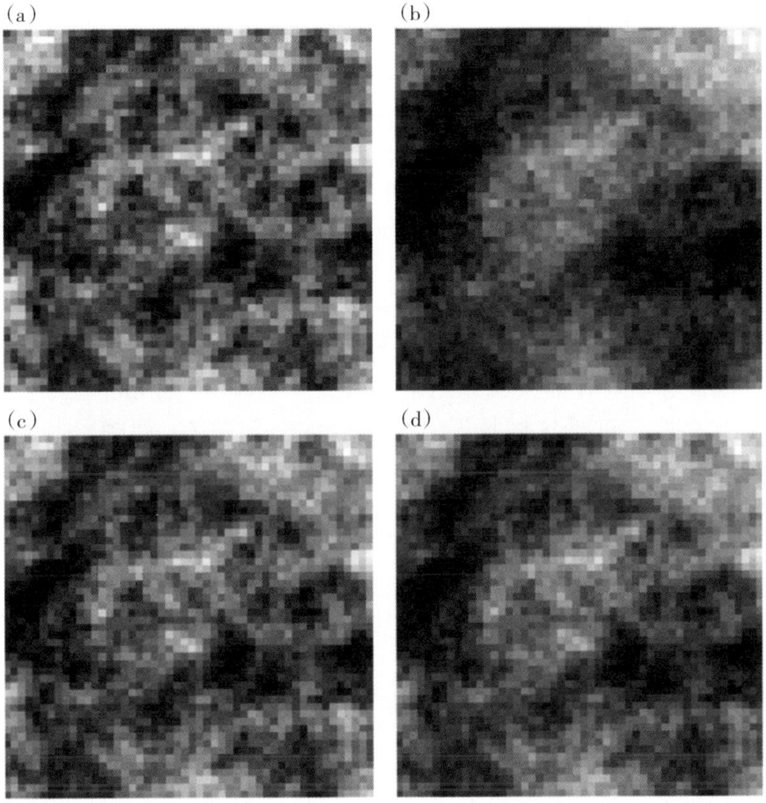

图 2.13　使用相同属性的不同变差函数模型建模的图像

(a)变程 $a=150$ m 的单个结构，零块金效应的球形模型；(b)变程 $a=750$ m 的单个结构，零块金效应的球形模型；(c)交差结构，将变程 $a=150$ m 的第一结构尺寸的 70%和变程 $a=750$ m 的第二结构尺寸的 30%进行加权平均；(d)交差结构，将变程 $a=150$ m 的第一结构尺寸的 30%和变程 $a=750$ m 的第二结构尺寸的 70%进行加权平均

交差结构通过上述变差函数模型的线性组合来建模(图 2.14)。他们受益于正定模型的性质：在任何具有正系数的模型的线性组合中，正定的模型仍然是正定的。变差函数模型的任何线性组合(式 2.38)都是一个变差函数 $\gamma(h)$的交差组合，其中权重 $C_i(0)$是每个单个结构的基台值(总方差)。不同基台值的总和等于全局基台值：

$$\gamma(h)=\sum_i C_i(0)\gamma_i(h) \tag{2.38}$$

2.1.9.1　块金效应

理论上，对于 $h=0$，则变差函数的值为零($\gamma(h)=0$，当 $h=0$)。在实践中，在连续

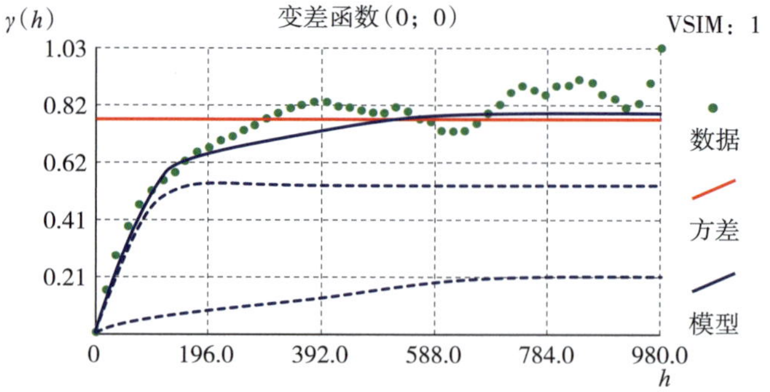

图 2.14　两个不同结构求和得到的变差函数模型：

$\gamma(h)=0.48Sph(a=150\mathrm{m})+0.24Sph(a=750\mathrm{m})$

样本之间存在 h 的最小值，可以计算相应的 $\gamma(h)$。该最小值($\gamma(h_{\min})$)较大，意味着在小尺度下，即对于小于样本间的距离，自然现象中存在高变异性：h 趋于零，而 $\gamma(h)$可能不趋于零。在这些情况下，在非实验数据采样尺度下，即 $h=0$ 和 $h_{\min}$，变差函数的增长中存在拐点或不连续性。对于这些情况，变差函数由常数 C_0 建模，其被称为块金效应(式 2.39)。块金效应是第一结构与其余结构的线性组合之和：

$$\gamma(h)=C_0+\sum_i C_i(0)\gamma_i(h) \tag{2.39}$$

而总方差由下式描述：

$$C(0)=C_0+\sum_i C_i(0) \tag{2.40}$$

块金效应体现了被建模的自然现象变异性，该变异性来源于两方面：①取样网格中未包括的小尺度变异；②随机噪声分量添加到自然现象结构的非系统采样误差导致的变异性。

用一个不等于零的常数来模拟块金效应，通过增加估计过程中的不确定性，来描述小尺度上对系统缺乏了解(见第 2.2 节和第 3 章)。块金效应可以解释为在纵坐标轴上的相交值。它通常是由变差函数第一个点的线性拟合与纵坐标轴的交点推断出来的(图 2.15)。

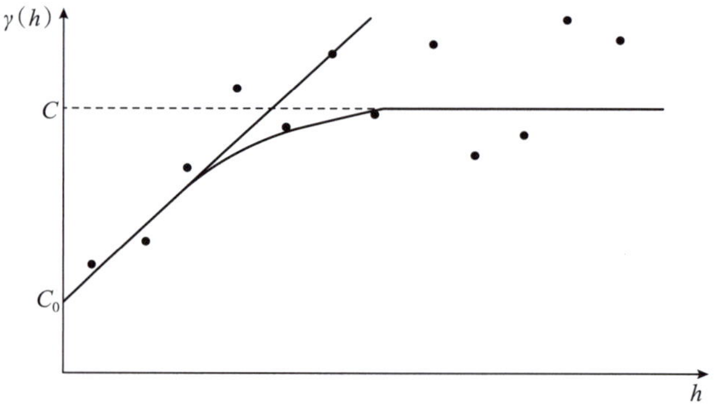

图 2.15　基于 $\gamma(h)$的第一个点的线性回归(粗黑线)推断块金效应。变差函数模型用细黑线表示

2.1.9.2　各向异性模型

自然资源的空间连续性通常随空间方向而频繁地变化，例如，沿着河道方向的孔隙度值的连续性相对于跨河道方向连续性更高。如果变差函数(或协方差)在所有方向上具有相同的特征(即 $\gamma(h)$仅取决于距离向量 h 的模)，则任何自然资源的给定属性(例如，储层中的孔隙度)具有各向同性空间连续性。然而，在某些情况下，所研究的属性沿某方向更连续，导致结构各向异性。当我们推断某特定属性的空间特征时，结构各向异性可以看作是给定属性沿空间方向的变异性。

对各向异性结构进行建模旨在根据单个变差函数模型的方向来减少连续性结构。各向异性通常根据坐标系的几何变换来处理，这使得沿着不同方向的若干变差函数等效于单个模型，从而将它们变换成各向同性结构。

两种最常见的各向异性模型是几何模型和带状模型。

2.1.9.3　几何各向异性

几何各向异性是这样一种模型，其变差函数值表征的空间连续性从较大连续性/范围的方向向与其垂直的最小值的方向逐渐变化，遵循由这些方向定义的椭圆方程。

几何各向异性指的是所有方向上变差函数模型相同，基台值相同，但变程不相同。最小值和最大值位于互相垂直的方向(图 2.16)。

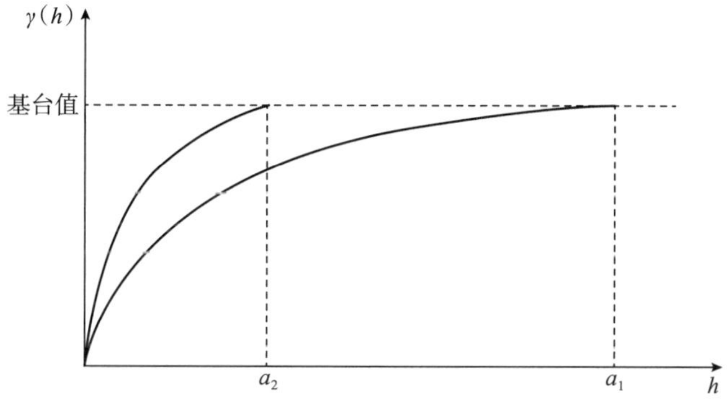

图 2.16　几何各向异性示意图：变差函数基台值相同但变程不同

几何各向异性意味着描述变差函数沿空间不同方向变程的玫瑰图可以由 2D 中的椭圆或 3D 中的椭球来建模。事实上，当将不同的变差函数变程表示为图中变差函数方向角度的函数时，椭圆是最好的描述几何各向异性的几何图形。

椭圆可以被看作是圆(或三维中的球体)的线性变换，其对应于各向同性条件，也就是说，变差函数变程不随变差函数方向而改变。通过一种简单的几何变换方法，可以将一组变差函数(分别在空间的三个方向上具有变程 a_x、a_y 和 a_z)组合成变程 $a=1$ 的单个模型：

$$\gamma_{a=1}(h)=\gamma_x(h_x) \text{ 与 } h=h_x/a_x$$
$$\gamma_{a=1}(h)=\gamma_y(h_y) \text{ 与 } h=h_y/a_y$$
$$\gamma_{a=1}(h)=\gamma_z(h_z) \text{ 与 } h=h_z/a_z \tag{2.41}$$

这对应于笛卡尔空间内距离的归一化，如下所示：

$$h=\sqrt{\left(\frac{h_x}{a_x}\right)^2+\left(\frac{h_y}{a_y}\right)^2+\left(\frac{h_z}{a_z}\right)^2}$$

$$\gamma_{a=1}(h)=\gamma_x(h_x)\ \text{如果}\ h=h_x/a_x \tag{2.42}$$

如果我们选择将各向异性变换为参考变差函数(例如，具有最大范围的变差函数而不是变程等于 1 的变差函数)，则归一化距离 h 如下所示：

$$h=\sqrt{h_x\left(\frac{a_x}{a}\right)^2+h_y\left(\frac{a_y}{a}\right)^2+h_z\left(\frac{a_z}{a}\right)^2} \tag{2.43}$$

其中 a 是参考变差函数变程，$r_x=a_x/a$，$r_y=a_x/a$，$r_z=a_x/a$ 是三个主要的各向异性变程。

这种变换坐标的方法同样适用于未达到基台值的非平稳模型。

如果最大变程的方向与参考坐标系的坐标轴不匹配，则在应用几何变换之前，必须旋转最大变程的方向，使得轴 xx' 与 a_x 匹配，yy' 与 a_y 匹配，并且 zz' 与 a_z 匹配(式 2.43)。

图 2.17 显示了一个二维例子，其中在 45°方向上观察到最大变程，在垂直于此方向(135°)的方向上观察到最小值。因此，在任何归一化操作之前，任何向量 h 必须首先旋转 45°(式 2.44)：

$$\begin{bmatrix} h_{x_{45°}} \\ h_{y_{45°}} \end{bmatrix}=\begin{bmatrix} \cos 45° & -\sin 45° \\ \sin 45° & \cos 45° \end{bmatrix}\cdot\begin{bmatrix} h_x \\ h_y \end{bmatrix} \tag{2.44}$$

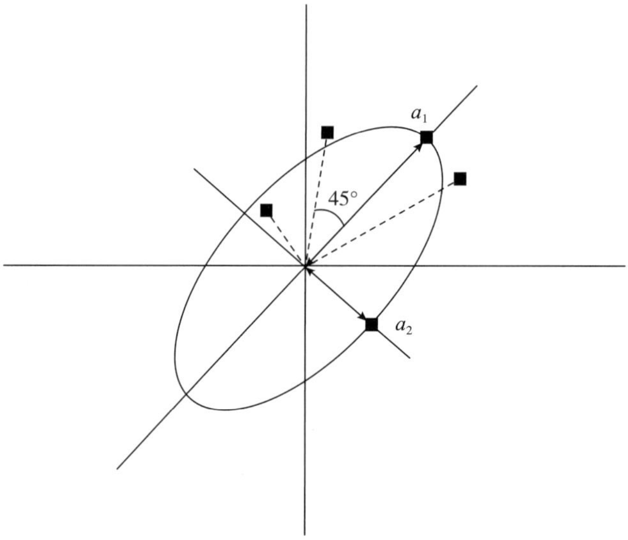

图 2.17 变程组和几何各向异性模型的玫瑰图

2.1.9.4 带状各向异性

带状各向异性在层状结构中很常见，层状结构中沿地层的空间连续性与地层之间的变化性不同。因此，沿地层的变差函数未达到变差函数的基台值(图 2.18)。

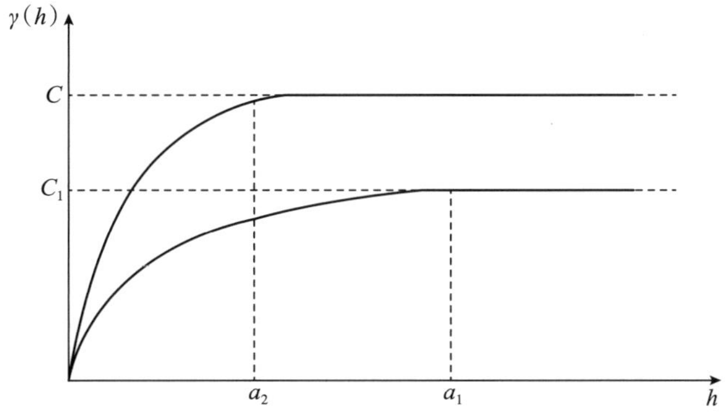

图 2.18　带状各向异性示例

带状各向异性可以通过两种结构的线性组合来建模：

$$\gamma(h)=C_1\gamma_1(h_1)+(C_2-C_1)\gamma_2(h_2) \tag{2.45}$$

其中，第二结构 $\gamma_2(h_2)$，这里向量 h_2 仅与较大变化的方向(即地层之间)相关。图 2.18 的例子可以通过两种结构的线性组合来建模。第一结构具有基台值 C_1 和几何各向异性。第二结构方差等于(C_2-C_1)，且变程 a_2 仅存在于方向 h_2 上：

$$\gamma(h)=C_1\gamma_1(h_1)+(C_2-C_1)\gamma_2(h_2)$$

$$h=\sqrt{\left(\frac{h_x}{a_x}\right)^2+\left(\frac{h_z}{a_z}\right)^2}$$

$$h_2=\frac{h_z}{a_z}$$

这两种结构定义如下：

$\gamma_1(h_1)$——各向同性模型，基台值等于 C_1，h_1 方向的变程为 a_1，h_2 方向的变程为 a_2。

$\gamma_2(h_2)$——各向异性模型，基台值等于(C_2-C_1)，h_2 方向的变程为 a_2，h_1 方向的变程为无限。注意，在方向 h_1 上选择一个非常大的变程(例如，矿田尺寸的 10 倍)意味着，对于 h_1，$\gamma_1(h_1)$的值很小。

2.1.9.5　构造转换

存在各向异性现象不从最大值到最小值范围规则变化的情况：例如当空间分布受到该资源物源的外部因素制约时。地质构造，如褶皱和断层，是发生这些情况的典型事件。

这些情况中的每一种都需要特定的几何变换，以便为整个研究区域获取简单和广义的变差函数模型。例如，将褶皱或穹隆构造转换为规则形状，以便更好地识别非各向同性结构内样本之间的空间连续性(图 2.19)(Mallet 2002，2004)。这种变换的概念基础是地层薄部分的样本值与褶皱最厚部分的多个样本值相关。对于图 2.19 中的例子，为了计算点对$(x_0，x_1)$和$(x_0，x_2)$的均值变差函数，将样本 x_0 倍增。注意，这种类型的转换在具有大的水平连续性和垂直不均匀性的地质构造中是可能的，一些油气储层就是这种情况。

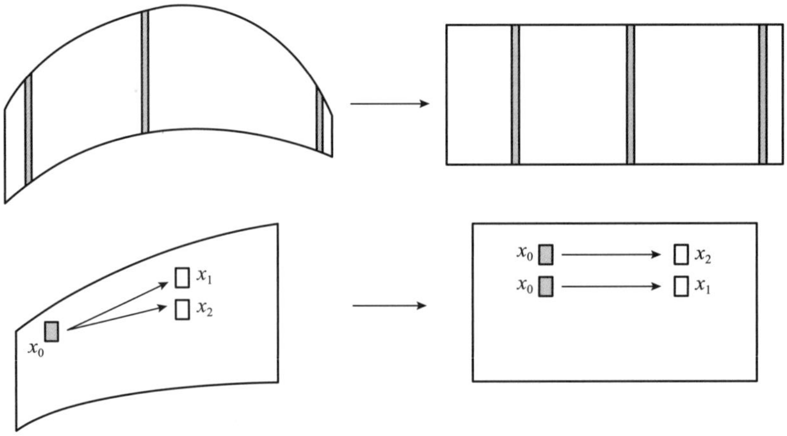

图 2.19 褶皱地层的构造几何变换

2.1.10 多变量系统的共区域化模型

目前，我们介绍了单变量系统的空间连续性模型。本节我们讨论多变量系统(见第 2.1.6 节)的共区域化模型。与单变量情况一样，在多变量域中，变差函数模型和交叉协方差必须确保变量之间的任何线性组合具有正变化。存在多种共区域化模型，但最常见的是线性模型。在这种模式下，单一交叉变差函数和交叉变差函数是基本模型线性组合的结果。

基本模型(块金效应、第一结构、第二结构等)：L 是结构的总数，样本存在变差函数 $\gamma_0(h)$，$\gamma_1(h)$，…，$\gamma_L(h)$，交叉变差函数为：

$$\gamma_{ii}(h)=b_{ii}^0\gamma_0(h)+b_{ii}^1\gamma_1(h)+\cdots+b_{ii}^L\gamma_L(h)$$
$$\gamma_{jj}(h)=b_{jj}^0\gamma_0(h)+b_{jj}^1\gamma_1(h)+\cdots+b_{jj}^L\gamma_L(h)$$
$$\gamma_{ij}(h)=b_{ij}^0\gamma_0(h)+b_{ij}^1\gamma_1(h)+\cdots+b_{ij}^L\gamma_L(h) \tag{2.46}$$

$N_v\times N_v$ 个样本组和交叉协方差的共区域化模型可以定义为：

$$\gamma_{ij}(h)=\sum_{l=0}^{L}b_{ij}^l\gamma_l(h),\ \forall_{i,j}$$

或者

$$C_{ij}(h)=\sum_{l=0}^{L}b_{ij}^lC_l(h),\ \forall_{i,j} \tag{2.47}$$

式中：b_{ij}^l 是简单模型 $C_{ij}(h)$的基台值。

为了确保方差组 $C_{ij}(h)$有意义(即我们需要保证任何变量线性组合的方差为正)，我们需要保证：

1)函数 $C_l(h)$是正定的；

2)矩阵 b_{ij}^l，$\forall_{i,j,l=0,L}$ 是正定的。该条件意味着：$b_{ii}^l>0$，$b_{jj}^l>0$ and $b_{ii}^l\cdot b_{jj}^l>b_{ij}^lb_{ij}^l$，$l=0$，…，$L$。

这些关系表明了两个基本规则：①一个存在于简单方差的结构在交叉协方差中可能不

存在：$b_{ii}^{l} \neq 0$ 并不意味着 $b_{ij}^{l} \neq 0$；②一个存在于交叉协方差中的结构必须存在于对应的简单协方差中：$b_{ij}^{l} \neq 0 \Rightarrow b_{ii}^{l} \neq 0$ and $b_{jj}^{l} \neq 0$。

在实践中，线性多变量系统的共区域化建模可以总结为以下步骤(Goovaerts，1997)：

1)选择一组结构 $\gamma_l(h)(l=0, \cdots, L)$ 再现不同简单变差函数模型 $\gamma_{ii}(h)$ 和 $\gamma_{jj}(h)$。遵循前面段落中已经陈述的规则(存在于交叉协方差中的一个结构必须存在于对应的简单协方差中)。在此阶段，不需要执行交叉变异函数的分析。

2)对每个交叉变异函数的不同结构的基台值 b_{ij}^{l} 进行估计。

3)矩阵 b_{ij}^{l} 需要是正的：

$$b_{ii}^{l} > 0, \quad b_{jj}^{l} > 0, \quad l=0, \cdots, L$$

重复 2)和 3)，直到简单变差函数和交叉变差函数的调整令人满意。

注意，由于该序列的最后两个步骤，在实践中，共区域化的调整并不简单。

然而，在对多变量系统进行建模并且对简单变差函数和交叉变差函数进行调整的情况下，应优先关注简单变差函数，特别是主要变量的变差函数。

2.2　估计模型

地质统计学在地球科学和环境科学的许多研究领域中已经广泛应用，因为从已知稀疏实验数据推测研究区域内未知位置的值时，它的插值方法既简单又高效。

这里我们提出了一组地质统计学方法，通过整合具有不同尺度、不同分辨率、不同确定性的不同类型实验数据，来对空间现象进行表征。对连续和指示变量的空间推断方法是随机序贯模拟算法(第 3 章)的基础，也是将地球物理数据整合到储层建模中的方法(第 4、第 5 和第 6 章)的主要基础之一。

2.2.1　局部统计量的线性估计

一般来说，对于未采样位置 x_0 的 $Z(x_0)$，可以将变量在任何给定尺度(点、面积或体积)下的空间推断或估计，定义为已知其他位置变量 $Z(x_\alpha)$的线性组合：

$$Z(x_0)^* = \sum_{x=1}^{n(u)} \lambda_\alpha Z(x_\alpha), \quad x_\alpha = 1, \cdots, N \tag{2.48}$$

权重 λ_α(式 2.48)应该满足空间推断过程中两个极其重要的特征：首先，它们应该对已知样本 $Z(x_\alpha)$和待估计点 $Z(x_0)$之间的距离敏感；其次，它们还应该能够对实验数据进行聚类，以避免样本在未知位置 x_0 处的估计值产生偏差。

2.2.2　地质统计线性估计方法的概率模型

在第 2.1 节中描述的概率模型中，未知值 $Z(x_0)$和相邻实验样本 $Z(x_\alpha)(x_\alpha=1, \cdots, N)$分别为位于 x_0 和 x_α 处的随机变量 RV。

如果我们假设点对结构(第 2.1.1 节)的统计矩是平稳的，则对任意一个随机变量

RV，一阶统计矩可以定义为：

$$E\{Z(x_\alpha)\} = E\{Z(x_0)\} = m \tag{2.49}$$

另一方面，可以假设相距为 h 的每对随机变量 RV 都有相同的联合分布：

$$\begin{aligned} F_{ZZ'}[Z(x_1);\ Z(x_1+h)] &= \text{prob}\{Z(x_1) < z,\ Z(x_1+h) < z'\} \\ &= F_{ZZ'}[Z(x_2);\ Z(x_2+h)] \\ &= F_{ZZ'}[Z(x);\ Z(x+h)] \end{aligned} \tag{2.50}$$

这意味着二元定律只依赖于距离向量 h（$Z(x)$和 $Z(x+h)$之间的距离），而不依赖于位置 x_0。二阶平稳性意味着变差函数 $\gamma(h)$和协方差 $C(h)$是仅依赖于向量 h 的函数。

式 2.48 描述的线性估计可以认为，在 x_0 处的随机变量 RV，是由一组变量 $Z(x_\alpha)$（$x_\alpha=1,\cdots,N$）的线性组合产生的。假设 $\varepsilon(x_0)$是估计值 $Z(x_0)^*$ 与真值 $Z(x_0)$之间的差值，该差值与 x_0 处 $Z(x)$的估计值（式 2.51）有关：

$$\varepsilon(x_0) = Z(x_0)^* - Z(x_0) = \sum\nolimits_\alpha \lambda_\alpha Z(x_\alpha) - Z(x_0) \tag{2.51}$$

上述两个质量指标可以用新的随机变量 $\varepsilon(x_0)$的均值和方差表示。

(1)无偏条件：$E\{\varepsilon(x_0)\}=0$

第一个估计的指标 $Z(x_\alpha)^*$ 与它的期望值有关：

$$E\{Z(x_\alpha)^*\} = E\{Z(x_0)\} = m \tag{2.52}$$

在该模型的可估计范围内，确保估计中没有偏差 $E\{\varepsilon(x_0)\}=0$ 将导致以下结果：

$$E\{\varepsilon(x_0)\} = E\left\{\sum\nolimits_\alpha \lambda_\alpha Z(x_\alpha)\right\} - E\left\{\sum\nolimits_\alpha Z(x_0)\right\} = 0$$

$$\sum\nolimits_\alpha \lambda_\alpha E\{Z(x_\alpha)\} = E\{Z(x_0)\} \tag{2.53}$$

由于随机函数是平稳的，$E\{Z(x_\alpha)\}=E\{Z(x_0)\}=m$，如果权重之和等于 1，即：

$$\sum\nolimits_\alpha \lambda_\alpha = 1 \tag{2.54}$$

则式 2.53 成立。

(2)方差最小化：$E\{[\varepsilon(x_0)]^2\}$

该估计的第二个指标与误差 $\varepsilon(x_0)$的方差有关。两个估计量可能有一个 $\varepsilon(x_0)$零均值，但均值的最小离差说明了估计值质量的差异：

$$\text{var}\{\varepsilon(x_0)\} = \text{var}\{Z(x_\alpha)^* - Z(x_0)\} = E\left\{\left[\sum\nolimits_\alpha \lambda_\alpha Z(x_\alpha) - Z(x_0)\right]^2\right\} \tag{2.55}$$

展开平方项，我们得到：

$$\begin{aligned} &= E\left\{\sum\nolimits_\alpha \sum\nolimits_\beta \lambda_\alpha \lambda_\beta E\{Z(x_\alpha)\cdot Z(x_\beta)\}\right\} + E\{Z(x_0)^2\} - 2E\left\{\sum\nolimits_\alpha \lambda_\alpha Z(x_\alpha)\cdot Z(x_0)\right\} \\ &= \sum\nolimits_\alpha \sum\nolimits_\beta \lambda_\alpha \lambda_\beta E\{Z(x_\alpha)\cdot Z(x_\beta)\} + E\{Z(x_0)^2\} - 2\sum\nolimits_\alpha \lambda_\alpha E\{Z(x_\alpha)\cdot Z(x_0)\} \end{aligned} \tag{2.56}$$

一旦定义了方差或协方差（$\gamma(h)$或 $C(h)$），并对整个研究区域 $Z(x_0)$进行了验证，则估计的方差可以表示为样本之间的协方差函数，未知位置的估计可以表达如下：

$$\text{var}\{\varepsilon(x_0)\} = C(0) + \sum\nolimits_\alpha \sum\nolimits_\beta \lambda_\alpha \lambda_\beta C(x_\alpha x_\beta) - 2\sum\nolimits_\alpha \lambda_\alpha C(x_\alpha x_\beta) \tag{2.57}$$

2.3 克里金估计

普通克里金法是一系列克里金算法中最常见的算法，整个克里金算法家族还包括以下非平稳估计方法：简单克里金法、泛克里金法（也称为趋势克里金法）、外部漂移克里金法、协克里金法、用于分类指示变量的指示克里金法，以及非线性估计方法（如多元高斯克里金法和不相交克里金法）（Matheron，1965）。

普通克里金法是一种线性地质统计估计方法（式 2.48），被定义为 x_0 周围 N 个邻居 $Z(x_\alpha)(x_\alpha=1, \cdots, N)$ 的线性组合，它满足估计误差 $\varepsilon(x_0)=Z(x_0)^*-Z(x_0)$ 两个标准：无偏性 $E\{\varepsilon(x_0)\}=0$ 和估计方差最小（式 2.58）：

$$\min\{\mathrm{var}(\varepsilon(x_0))\} \tag{2.58}$$

第一个标准通过对权重施加条件（式 2.54）来实现。

通过将 N 个对 $\lambda_\alpha(\alpha=1, \cdots, N)$ 的偏导数置零的经典方法，可以保证方差估计（式 2.58）最小，并且可使用任何数学方法来解决包含 N 个未知数的 N 个方程组。然而，由于 N 个未知数的解受到式 2.54 的条件限制，因此可以采用拉格朗日形式来求解式 2.57 的最小化结果。这意味着需要在式 2.57 中添加一个额外的方程，并且结果会多出一个未知数（拉格朗日参数 μ）：

$$\begin{aligned}\mathrm{var}\{\varepsilon(x_0)\}&=C(0)+\sum_\alpha\sum_\beta\lambda_\alpha\lambda_\beta C(x_\alpha x_\beta)\\&-2\sum_\alpha\lambda_\alpha C(x_\alpha x_0)+2\mu\left[\sum_\alpha\lambda_\alpha-1\right]\end{aligned} \tag{2.59}$$

其中最后一项为零。

式 2.59 的最小化过程包括计算 $N+1$ 个偏导数以得到 λ_α 和 μ，偏导数等于零（式 2.60），得到包含 $N+1$ 个未知数的 $N+1$ 个方程。最终的解是满足无偏性条件（式 2.54）且同时最小化估计方差的 N 个权重 λ_α：

$$\frac{\partial\left[E\{[Z(x_0)^*-Z(x_0)]^2\}+2\mu\left[\sum_\alpha\lambda_\alpha-1\right]\right]}{\partial\lambda_\alpha}=0, \quad z=1, \cdots N$$

$$\frac{\partial\left[E\{[Z(x_0)^*-Z(x_0)]^2\}+2\mu\left[\sum_\alpha\lambda_\alpha-1\right]\right]}{\partial\mu}=0, \quad z=1, \cdots N \tag{2.60}$$

将前 N 个方程进行推导的结果是：

$$\frac{\partial\left[C(0)+\sum_\alpha\sum_\beta\lambda_{\alpha\beta}C(x_\alpha x_\beta)-2\sum_\alpha\lambda_\alpha C(x_\alpha x_0)+2\mu\left[\sum_\alpha\lambda_\alpha-1\right]\right]}{\partial\lambda_\alpha}=0, \quad \alpha=1, \cdots N$$

$$2\sum_\beta\lambda_\beta C(x_\alpha x_\beta)-2C(x_\alpha x_0)+2\mu=0, \quad \alpha=1, \cdots N \tag{2.61}$$

最后一个方程对于 μ 求偏导数得到：

$$\sum_\alpha\lambda_\alpha=1 \tag{2.62}$$

最终，克里金的 $N+1$ 个方程组可用如下形式表示，它可以计算出 N 个权重 λ_α：

$$\begin{cases} \sum_{\beta}\lambda_{\beta}C(x_{\alpha}x_{\beta})+\mu=C(x_{\alpha}x_{0}) \\ \sum_{\alpha}\lambda_{\alpha}=1 \end{cases},\ \alpha=1,\ \cdots N \tag{2.63}$$

将式 2.63 代入公式 2.57 得到最小估计方差：

$$\sigma_{E}^{2}=C(0)+\sum\lambda_{\alpha}C(x_{\alpha}x_{0})-\mu-2\sum\lambda_{\alpha}C(x_{\alpha}x_{0})$$

$$\sigma_{E}^{2}=C(0)-\sum_{\alpha}\lambda_{\alpha}C(x_{\alpha}x_{0})-\mu \tag{2.64}$$

克里金系统也可以用变差函数 $\gamma(h)$ 来描述，其满足关系 $\gamma(h)=C(0)-C(h)$。

$$\begin{cases} \sum_{\beta}\lambda_{\beta}\gamma(x_{\alpha}x_{\beta})-\mu=\gamma(x_{\alpha}x_{0}) \\ \sum_{\alpha}\lambda_{\alpha}=1 \end{cases},\ \alpha=1,\ \cdots N \tag{2.65}$$

其中方差估计定义为：

$$\sigma_{E}^{2}=\sum_{\alpha}\lambda_{\alpha}\gamma(x_{\alpha}x_{0})+\mu \tag{2.66}$$

克里金系统分辨率

在实践中，$N+1$ 个方程组可以以矩阵形式表示如下（式 2.67），其中 K 为样本之间的协方差矩阵，M 为第二个子矩阵——样本与未知位置之间的协方差，λ 为权重矩阵：

$$[K]=\begin{pmatrix} C(x_1,\ x_1) & \cdots & C(x_1,\ x_N) & 1 \\ \vdots & \ddots & \vdots & \vdots \\ C(x_N,\ x_1) & \cdots & C(x_N,\ x_N) & 1 \\ 1 & 1 & 0 & \end{pmatrix}$$

$$[M]=\begin{bmatrix} C(x_1,\ x_0) \\ \vdots \\ C(x_N,\ x_N) \\ 1 \end{bmatrix}$$

$$[\lambda]=\begin{bmatrix} \lambda_1 \\ \vdots \\ \lambda_N \\ \mu \end{bmatrix} \tag{2.67}$$

克里金系统可以写成如下形式：

$$[K]\cdot[\lambda]=[M] \tag{2.68}$$

其中通过求矩阵 K 的逆来获得解：

$$[\lambda]=[K]^{-1}\cdot[M] \tag{2.69}$$

并且

$$\sigma_{E}^{2}(x_0)=C(0)-[\lambda]^{T}\cdot[M] \tag{2.70}$$

定义 $[Z]$ 为数值 $Z(x_{\alpha})$ 的向量，$[Z]=[z(x_1),\ \cdots,\ z(x_N)]$，$Z(x_0)$ 的克里金估计由式 2.71 给出：

$$Z(x_0)^* = [\lambda]^T \cdot [Z] = [M]^T \cdot [K]^{-1} \cdot [Z] \tag{2.71}$$

需要注意的是，克里金方差 $\sigma_E^2(x_0)$(式 2.66)与实验数据的数值无关，它仅取决于实验数据的位置(x_α)相对于待估计位置(x_0)的距离。换句话说，克里金方差不依赖于被建模的属性，而仅依赖于实验数据相对于位置 x_0 的位置。所有克里金方法都有如下重要特性：① 克里金是精确的插值方法，忠于实验数据的数值；② 插值受空间连续性模型的约束，该模型用变差函数在两点地质统计学中表示；③ 克里金技术能够对来自样本集的孤立样本进行加权(去除聚集效应)；④ 使用克里金插值的模型倾向于在远离实验数据位置的区域复现实验数据的平均值(Deutsch and Journel，1992)。

2.4　非平稳现象的线性估计：简单克里金法

普通克里金估计假设：要估计的变量 $Z(x)$在研究区域 A 内的均值未知，但是为常数。然而，在某些自然现象中，我们要估计的某个属性的值在整个研究区域内不是均匀的。在这种情况下，可以说 $Z(x)$ 的值存在漂移，并且式 2.49 的平稳性假设在整个研究区域 A 中得不到验证。

有一些线性估计方法可以考虑 $Z(x)$的值在空间上的漂移以及其局部均值 ($m(x)$) 的变化：简单克里金法、趋势模型克里金法(泛克里金法)和外部漂移克里金法。我们只讨论简单克里金法，它在接下来的章节中非常重要。关于其他非平稳克里金法的讨论，请参考 Journel and Huijbreghts(1978)，Goovaerts(1997)和 Deutsch and Journel(1992)。

在非平稳克里金法中，简单克里金法是最通用的克里金算法。它假设已有实验数据集合的均值以及研究区域内待采样的位置是已知的。

在实践中，当概率模型的理论形式要求我们了解随机函数的均值(如具有零均值的多元高斯克里金法的随机函数)或者对自然现象的趋势或漂移有较好的了解时，可以应用该算法。在这些情况下，可以假设漂移的值(如果对整个区域都已知)作为研究区域内已采样和未采样值的局部均值。

如果我们以最一般的形式考虑克里金法估计 $Z(x_0)^*$，即 $Z(x_0)^*$是 N 个数据 $Z(x_\alpha)$的线性组合，那么：

$$Z(x_0)^* = \lambda_0 \cdot 1 + \sum_{\alpha=1} \lambda_\alpha Z(x_\alpha) \tag{2.72}$$

对于那些不平稳的情况，在随机变量的第一统计矩已知但不是常数的情况下，无偏性条件定义如下：

$$E\{Z(x_0)\} = E\{Z(x_0)^*\} = \lambda_0 + \sum_{\alpha=1}^{N} \lambda_\alpha E\{Z(x_\alpha)\} \tag{2.73}$$

这意味着：

$$\lambda_0 = m_{x_0} - \sum_{\alpha-1}^{N} \lambda_\alpha m_{x_\alpha} \tag{2.74}$$

将式 2.74 代入式 2.72，我们得到简单克里金估计：

$$Z(x_0)^* - m(x_0) = \sum_{\alpha=1} \lambda_\alpha [Z(x_\alpha) - m(x_\alpha)] \tag{2.75}$$

其中残差 $Z(x_0)^*-m(x_0)$ 是基于样本之间的残差 $Z(x_\alpha)-m(x_\alpha)$进行估计的。

注意，在那些漂移现象导致不确定性的情况下，可以通过匹配随机变量集合的漂移来估计简单克里金的残差。误差 $\varepsilon(x_0)=Z(x_0)^*-Z(x_0)$的方差可以用协方差函数(式2.57)表示。对于简单克里金法，通过最小化这个方差来计算 N 个权重，这可由 N 个关于λ_α 的偏导数方程求取：

$$\sum_\beta \lambda_\beta C(x_\alpha x_\beta)=C(x_\alpha x_0),\ \alpha=1,\ \cdots,\ N \tag{2.76}$$

求解这个方程组得到 N 个未知量λ_α，从而由简单克里金法计算出方差估计：

$$\sigma_E^2(x_0)=C(0)-\sum_\beta \lambda_\alpha C(x_\alpha x_0) \tag{2.77}$$

2.5 协克里金估计

有些情况下，除了要估计的主要变量外，还有一个与之不同采样间隔的次要变量。只要能推断出变量之间的共区域化模型，该次要变量就可以纳入到估计模型中。如在油藏表征中，孔隙度通常与已有的声阻抗模型一起建模。

我们首先考虑一个已知 N_1 个采样点的主要变量 $Z_1(x_i)(i=1,\ \cdots,\ N_1)$，以及一个具有 N_2个采样点的次要变量 $Z_2(x_j)(j=1,\ \cdots,\ N_2)$。未知位置 x_0 处的线性估计可以通过变量 $Z_1(x_i)$ 和 $Z_2(x_j)$临近的样本线性组合来描述：

$$[Z_1(x_0)]_{CK}^*=\sum_{i=1}^{N_1} a_i Z_1(x_i)+\sum_{j=1}^{N_2} b_j Z_2(x_j) \tag{2.78}$$

式 2.78 描述了协克里金估计，它像克里金估计一样应该是无偏且具有最小的方差误差。无偏性的条件意味着误差的期望值为零：

$$E\{[Z_1(x_0)]_{CK}^*-Z_1(x_0)\}=0 \tag{2.79}$$

给定两个变量的第一统计矩的平稳性：

$$E\left\{\sum_i a_i Z_1(x_i)+\sum_j b_j Z_2(x_j)-Z_1(x_0)\right\}=0 \tag{2.80}$$

$$\left[\sum_i a_i-1\right]m_1+\sum_j b_j m_2=0 \tag{2.81}$$

对权重施加以下条件可以确保估计值的无偏性：

$$\sum_i a_i=1 \text{ 和} \sum_j b_j=0 \tag{2.82}$$

估计方差由下式给出：

$$\begin{aligned}\mathrm{var}\{\varepsilon\}&=\mathrm{var}\{[Z_1(x_0)]_{CK}^*-Z_1(x_0)\}=\mathrm{var}\left\{\sum_{i=1}^{N_1} a_i Z_1(x_i)+\sum_{j=1}^{N_2} b_j Z_2(x_j)-Z_1(x_0)\right\}\\&=\sum_{i=1}^{N_1}\sum_{j=1}^{N_1} a_i a_j C_{Z_1}(x_i,\ x_j)+\sum_{i=1}^{N_2}\sum_{j=1}^{N_2} b_i b_j C_{Z_1}(x_i,\ x_j)\sum_{i=1}^{N_2}\sum_{j=1}^{N_2} b_i b_j C_{Z_2}(x_i,\ x_j)\\&\quad+2\sum_{i=1}^{N_1}\sum_{j=1}^{N_2} a_i b_j C_{Z_1Z_2}(x_i,\ x_j)-2\sum_{j=1}^{N_1} a_i C_{Z_1}(x_i,\ x_0)\end{aligned}$$

$$-2\sum_{j=1}^{N_2} b_j C_{Z_1Z_2}(x_j, x_0) + C_{Z_1}(x_0, x_0) \tag{2.83}$$

式中：$C_{Z_1}(x_i, x_j)$和 $C_{Z_2}(x_i, x_j)$分别是 $Z_1(x)$和 $Z_2(x)$的协方差，而 $C_{Z_1Z_2}(x_i, x_j)$是 $Z_1(x)$和 $Z_2(x)$之间的交叉协方差。权重 a_i 和 b_j 通过最小化估计方差(式 2.83)来计算，同时要满足式 2.82 中的约束条件。

可以将拉格朗日形式应用于式 2.83，就像在式 2.57 中一样：

$$\text{var}\{\varepsilon\} = 2\mu_1\left(\sum_{i=1}^{N_1} a_i - 1\right) + 2\mu_2\left(\sum_{j=1}^{N_2} b_j\right) \tag{2.84}$$

其中，

$$\varepsilon = [Z(x_0)]^*_{CK} - Z(x_0) \tag{2.85}$$

通过对权重 a_i 和 b_j 的 N_1+N_2 个偏导数置零，可实现式 2.83 的最小化处理：

$$\frac{\partial(\text{var}\{\varepsilon\})}{\partial a_j} = 0 \text{ 当 } j = 1, \cdots, N_1$$

$$\frac{\partial(\text{var}\{\varepsilon\})}{\partial b_j} = 0 \text{ 当 } j = 1, \cdots, N_2$$

$$\frac{\partial(\text{var}\{\varepsilon\})}{\partial \mu_1} = 2\sum_{i=1}^{N_1} a_i - 1$$

$$\frac{\partial(\text{var}\{\varepsilon\})}{\partial \mu_2} = 2\sum_{i=1}^{N_2} b_i$$

产生 N_1+N_2+2 个方程：

$$\sum_{i=1}^{N_1} a_i C_{Z_1}(x_i, x_j) + \sum_{i=1}^{N_2} b_i C_{Z_1Z_2}(x_i, x_j) + \mu_1 = C_{Z_1}(x_0, x_j),\ j = 1, \cdots, N_1$$

$$\sum_{i=1}^{N_1} a_i C_{Z_1Z_2}(x_i, x_j) + \sum_{i=1}^{N_2} b_i C_{Z_2}(x_i, x_j) + \mu_2 = C_{Z_iZ_2}(x_0, x_j),\ j = 1, \cdots, N_2$$

$$\sum_{i=1}^{N_1} a_i = 1 \text{ and } \sum_{i=1}^{N_2} b_i = 0 \tag{2.86}$$

总之，以下是关于协克里金估计的注意事项：

在实践中，通过协克里金使用次要变量只有在以下条件下才比普通克里金估计主变量更具优势：如果相对于次要变量而言，主变量是被降采样的，并且两个变量之间存在相关性。有关此主题的更多信息，请参阅 Sousa(1989)，Wackernagel(1995)，Bourgault and Marcotte(1991)，Marcotte(1991)，Myers(1982，1984)，Samper and Carrera(1990)，以及 Goovaerts(1997)的文献。

然而，关于协克里金估计还有几点需要注意：

1)协克里金估计是将次要变量纳入克里金估计的自然扩展。与普通克里金估计一样，第一成员矩阵必须是正定的。如果单一协方差和交叉协方差符合第 2.1.8 节中描述的条件，则满足这个条件。

2)如果主变量和次要变量的方差存在很大差异，协克里金方程组的解可能会出现数值不稳定问题。在这种情况下，应该使用简单或交叉自相关图代替它们的半方差和协方差。

3)理论上，协克里金估计引入的估计误差比普通克里金小。然而，这个优势必须考虑到交叉变差函数建模的成本。

4)协克里金估计可以推广到一组次要变量：

$$[Z_1(x_0)]_{CK}^* = \sum_{\alpha_1=1}^{N_1} \lambda_{\alpha_1} Z_1(x_{\alpha_1}) + \sum_{i=2}^{N_v} \sum_{i=2}^{N_i} \lambda_{\alpha_1} Z_i(x_{\alpha_1}) \tag{2.87}$$

其中，对该估计求解需要知道$(N_v+1)^2/2$个变差函数模型。

2.6 在密集样本情况下，使用次要变量进行联合估计的方法：同位协克里金法

在某些情况下，次要变量相比于主变量的可用样本或观测数量要丰富得多。这种情况发生在次要变量在整个区域 A 上是已知的情况下，从而导致 2D 或 3D 模型可用作条件数据来估计主变量。请注意，这里的“模型”一词指的是对整个研究区域中变量的了解。当这种情况发生时，由于主变量和次要变量之间的采样密度差异，协克里金系统(式 2.86)变得不稳定。

此外，在进行估计的位置，次要变量的值往往会将远距离处的主变量样本的影响最小化。在这些情况下，一个可能的解决方案是保留研究位置的次要变量值。这种克里金方法被称为同位协克里金法(Xu et al.，1992；Almeida and Journel，1994)。

将 $Z_1(x)$视为在 N_1 个位置上已知的主变量值，$Z_2(x)$是在整个研究区域上已知的次要变量值，同位协克里金法的估计值 $Z_1(x_0)$如下：

$$[Z_1(x_0)]_{CK}^* = \sum_{\alpha_1=1}^{N_1} a_i Z_1(x_i) + b_0 Z_2(x_0) \tag{2.88}$$

由此得到一个 N_1+2 个方程构成的方程组：

$$\sum_{i=1}^{N_i} a_i C_{Z_1}(x_i, x_j) + b_0 C_{Z_1 Z_2}(x_i, x_0) + \mu_1 = C_{Z_1}(x_0, x_j), \ j=1, \cdots, N_1$$

$$\sum_{i=1}^{N_1} a_i C_{Z_1 Z_2}(x_i, x_j) + b_0 C_{Z_2}(0) + \mu_2 = C_{Z_1 Z_2}(0), \ j=1, \cdots, N_1$$

$$\sum_{i=1}^{N_1} a_i + b_0 = 1 \tag{2.89}$$

当主要变量和次要变量的方差差异很大时，方程组(式 2.89)应该用相关图来表示。

2.7 局部概率分布函数的估计

以上介绍的克里金估计是推断定量属性的全局或局部平均特征的最优解决方案。得到的模型是均值的插值模型，适用于常规具有均匀空间分布的变量，即具有低变异性的变量，其中均值足以代表研究区域内的变量。

对于非均质变量(例如油气储层的内部岩石弹性属性)，由于克里金估计会产生平滑模型，克里金估计不足以描述其空间分布。

对于这种复杂变量，存在描述给定属性局部概率分布函数的地质统计模型。这些概率分布函数是第 3 章介绍的序贯随机模拟方法的基础。

可以使用这些方法来绘制极值或评估局部不确定性(Goovaerts，1997)。利用指示函数估计本地概率分布函数的方法是基于 Switzer(1977)的工作。然而，这种方法难以实现，并已被用于连续变量的随机模拟(如高斯函数)过程所替代。对指示函数感兴趣的读者可以阅读 Goovaerts(1997)和 Deutsch and Journel(1992)的文章。

2.7.1 多元高斯函数法

这种方法用于估计给定变量的局部概率分布函数，给定变量包含在一组随机变量(RVs)中，该组随机变量的分布函数是已知的单一模型。该方法假设一组随机变量(RVs) $\{Y(x),\ x\in A\}$遵循联合多元高斯函数。与指示函数相比，这是一种估计本地概率分布函数的简单方法，但这种强假设可能导致与可用实验数据的一致性问题。

任何位置 x_0 处的概率分布函数可以通过条件期望值和方差来完全描述：

$$E\{Y(x_0)\mid Y(x_1)\cdots Y(x_N)\}$$

$$\mathrm{var}\{Y(x_0)\mid Y(x_1)\cdots Y(x_N)\} \tag{2.90}$$

由此得到在 x_0 处的高斯概率函数为：

$$G(x_0;\ y)=G\left[\frac{y-E\{Y(x_0)\mid Y(x_\alpha),\ \alpha=1,\ \cdots,\ N\}}{\sqrt{\mathrm{var}\ \{Y(x_0)\mid Y(x_\alpha),\ \alpha=1,\ \cdots,\ N\}}}\right] \tag{2.91}$$

在多元高斯假设下，两个一阶统计矩(式 2.90)都等于线性普通克里金估计(式 2.75)和相应的克里金方差(式 2.77)(Journel and Huijbreghts，1978)：

$$E\{Y(x_0)\mid Y(x_\alpha),\ \alpha=1,\ \cdots,\ N\}=[Y(x_0)^*]$$

$$=m(x_0)+\sum_{\alpha=1}^{n}\lambda_\alpha[Y(x_\alpha)-m(x_\alpha)]=\sum_{\alpha=1}^{N}\lambda_\alpha Y(x_\alpha) \tag{2.92}$$

其中均值已知且恒定：

$$m(x_0)=m(x_\alpha)=0$$

$$\mathrm{var}\ \{Y(x_0)\mid Y(x_\alpha),\ \alpha=1,\ \cdots,\ N\}=\sigma_E^2(x_0) \tag{2.93}$$

权重 λ_α 由简单克里金系统(式 2.76)计算得出。

在 x_0 处的概率分布函数由简单克里金估计的两个参数确定，即均值和方差：

$$G(x_0;\ y)=G\left[\frac{y-[Y(x_0)^*]}{\sigma_E^2(x_0)}\right] \tag{2.94}$$

2.7.2 实验数据的高斯变换

这种方法的最大优势之一在于其实施的简单性：对于每个位置 x_0，概率分布函数都通过 $Y(x_0)$的简单克里金估计来定义。然而，我们需要对实验数据(x_α)($x_\alpha=1,\ \cdots,\ N$)进行高斯变换，以确保至少具有高斯边缘分布：

$$Y(x_\alpha) = \Phi(Z(x_\alpha)), \ \alpha = 1, \cdots, N \tag{2.95}$$

其中 $Y(x_\alpha)$遵循均值为 0、方差为 1 的高斯函数。

高斯变换(Φ)可以使用多项式逼近(Hermite 多项式；Matheron，1974；Muge，1982)计算，也可以用简单的图形变换来计算，因为图形变换简单，更适合用于该操作。

给定两个变量 $Z(x)$和 $Y(x)$的分布函数：

$$F(x) = \text{prob}\{Z(x) < z\}$$
$$G(y) = \text{prob}\{Y(x) < y\}$$

与高斯值 y 相对应的 z 值满足 $F(z)=G(y)$。

推广到多个变量：

$$Y(x_\alpha) = \Phi(Z(x_\alpha)) = G^{-1}(F(Z(x_\alpha)))，其中\ \alpha = 1, \cdots, N。 \tag{2.96}$$

通过对实验数据 $Z(x)$进行高斯变换，将概率分布函数 $F(z)$转化为高斯变量 $Y(x)$，并假设它们遵循联合多元高斯概率函数，可以按照以下顺序应用先前描述的所有形式：

1)将实验数据转换为高斯变量(式 2.96)。

2)计算每个单点 x_0 的转换值 $Y(x_\alpha)$的变差函数，得到局部概率分布函数：

$$G(x_0; y) = \text{prob}\{Y(x_0) < y\} \tag{2.97}$$

3)通过 Φ 反变换计算任意阈值 z'的概率分布函数值 $F(z')$。

首先计算与阈值 z'相对应的值 y'：

$$y' = \Phi(z') = G^{-1}[F(z')] \tag{2.98}$$

然后，我们可以通过式 2.94 估计的 $G(x_0; y')$计算 $F(x_0, z')$：

$$F(x_0, z') = G(x_0; y') \tag{2.99}$$

如果阈值 z'与实验数据 $Z(x_\alpha)$的值不一致，可以通过线性或幂插值(Goovaerts，1997)来计算反变换，因为 $F(x, z)$是单调递增的。

2.8 分类变量的估计

当给定的油藏的岩石物理性质在一定程度上均一化时，我们经常可以通过岩相的概念对岩石物理性质进行分类。岩相可以被定义为在岩石物理和/或弹性响应方面具有相同性质的地质体。这个概念并不严格指代不同类型的岩性(或沉积相)。在储层表征中，这些岩相经常使用分类变量模拟，而分类变量由其内部性质建模形成连续变量(如孔隙度和渗透率)。

在分类变量的概念中，单位元素指研究区域内某个点出现的概率。该研究区域是有分隔且互补的地质体组成。不同地质体(或岩相)的形状是由将这些元素分类为最有可能属于某个地质体(或岩相)的概率而确定的。假设存在 K 个互斥的岩相组，$X_k=1, \cdots, K$。对于位于研究区 A 内的每个点 x，我们可以定义一个二进制向量 $I_k(x)$如图 2.20 所示。

$$I_k(x) = \begin{cases} 1, & 当\ x \in X_k \\ 0, & 当\ x \in X_j\ 且\ j \neq k \end{cases} \tag{2.100}$$

从多相组中，我们可以为每个单相定义独立的统计量：

$$m_k = E\{I_k(x)\}$$

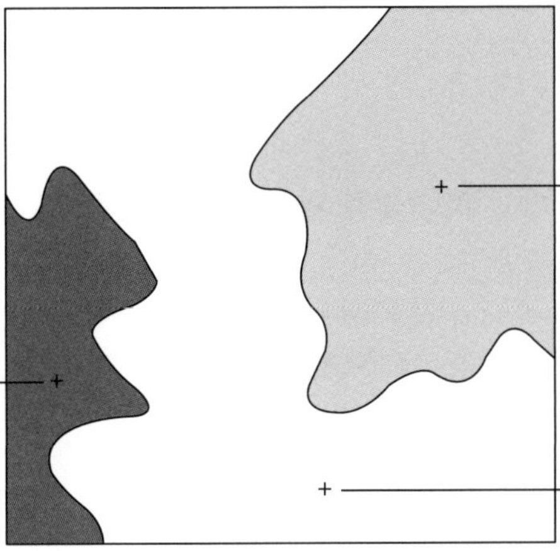

图 2.20　二维模型中一组三个岩相的示意图

$$\sigma_k^2 = \mathrm{var}\{I_k(x)\} \tag{2.101}$$

对于不同岩相组，我们可以定义全局结构的平均连续性测量值 $C(h)$（式 2.102），其中距离 h 的两个点 x 和 $x+h$ 属于岩相 X_k（其中 $k=1$，…，K）的概率（Soares，1992）为：

$$C(h) = E\left\{\sum_{k=1}^{K} I_k(x) \cdot I_k(x+h)\right\} \tag{2.102}$$

多相协方差（式 2.102）可以通过单相协方差之和求取：

$$C(h) = \sum\nolimits_{k=1} E\{I_k(x) \cdot I_k(x+h)\} = \sum\nolimits_{k=1} C_k(h) \tag{2.103}$$

这可以以变差函数的形式写出。

从结构角度来看，协方差 $C(h)$ 和变差函数 $\gamma(h)$ 代表了所有岩相形态变化的平均值：

$$\gamma(h) = \frac{1}{2} E\left\{\sum_{k=1}^{K} [I_k(x) - I_{ki}(x+h)]^2\right\} \tag{2.104}$$

需要注意的是，在处理多相结构时，往往没有足够样本来估计可靠的独立变差函数或协方差。随着岩相数量的增加，情况会变得更糟。因此，可以直接从式 2.105 中估计多相变差函数或协方差：

$$\gamma(h) = \frac{1}{KN(h)} \sum_{k=1}^{K} \sum_{a=1}^{N(h)} [I_k(x_a) - I_{ki}(x_{a+h})]^2$$

$$C(h) = \sum_{i=1}^{K} \sigma_k^2 - \gamma(h) \tag{2.105}$$

一个多相群可能由具有不同空间性质的子群组成。这可以看做在整个研究区域中具有非平稳性质的单一变量。如果采用平均的全局空间连续性模型，将存在未正确建模的区域。在这种情况下，应该独立地对每个子群进行建模，尽量避免将具有空间性质差异较大的子群整合在同一个模型中。

有了这些用于分类变量的工具，我们现在准备介绍一种多相结构的形态学估计方法（Soares，1992）。对多相结构进行地质统计估计，目的是根据实验样本 $x_a=1$，…，N，计算在研究区域 A 内每个点 x_0 属于岩相 X_k（其中 $k=1$，…，K）的联合概率。

$$\text{prob}\{x_0 \in X_1\} = [I_1(x_0)]^* = \sum \lambda_{\alpha,1} I_1(x_\alpha)$$
$$\text{prob}\{x_0 \in X_2\} = [I_2(x_0)]^* = \sum \lambda_{\alpha,2} I_2(x_\alpha)$$
$$\text{prob}\{x_0 \in X_K\} = [I_K(x_0)]^* = \sum \lambda_{\alpha,2} I_K(x_\alpha) \tag{2.106}$$

如果在计算这些概率值时，我们使用相同的协方差模型——多相协方差，那么权重 λ_α 对于所有相都是相同的：

$$\lambda_{\alpha,1} = \lambda_{\alpha,2} = \cdots = \lambda_{\alpha,K} = \lambda_\alpha \tag{2.107}$$

估计值 $[I_K(x_0)]^* = \sum \lambda_\alpha I_k(x_\alpha)(k=1, \cdots, K)$，要求是无偏且估计方差最小。

无偏条件：

$$E\{[I_k(x_0)]^*\} = E\{I_k(x_0)\}$$
$$\sum_\alpha \lambda_\alpha E\{I_k(x_\alpha)\} = E\{I_k(x_0)\} \tag{2.108}$$

意味着：

$$\sum_\alpha \lambda_\alpha = 1 \tag{2.109}$$

因此，根据式 2.106 的结果，属于每个相的估计概率的总和为 1：

$$\sum_{k=1}^{K} [I_k(x_0)]^* = \sum_\alpha \lambda_\alpha = 1 \tag{2.110}$$

除了无偏条件外，式 2.108 计算了最小估计方差总和的权重，需要对每个岩相单独施加这些权重：

$$\min\{E[[I_1(x_0)]^* - I_1(x_0)]^2 + E[[I_2(x_0)]^* - I_2(x_0)]^2 + \cdots + E[[I_K(x_0)]^* - I_K(x_0)]^2\} = \min\left\{E\left[\sum_k E[[I_k(x_0)]^* - I_k(x_0)]^2\right]\right\} \tag{2.111}$$

可以用多相协方差 $C(h)$来表示：

$$\sum_k E\{[[I_k(x_0)^* - I_k(x_0)]^2\}$$
$$= C(0) + \sum_\alpha \sum_\beta \lambda_\alpha \lambda_\beta C(x_\alpha x_\beta) + \sum_\alpha \lambda_\alpha C(x_\alpha x_0) \tag{2.112}$$

在满足式 2.109 的约束条件下最小化这个方程，我们得到了具有多相协方差的经典克里金系统：

$$\begin{cases} \sum_\beta \lambda_\beta C(x_\alpha x_\beta) + \mu = C(x_\beta x_0), \quad \forall \alpha = 1, \cdots, N \\ \sum_\alpha \lambda_\alpha = 1 \end{cases} \tag{2.113}$$

方差之和的最小化不直接意味着每个类别的方差达到最小化。这意味着多个岩相的最佳估计可能不是每个类别/岩相的最佳估计：只有在每个类别都独立地用独立协方差估计时，才可能实现这一点。

当我们可以为每个岩相计算单独的变差函数时，它们可以是不同的，并且由于权重依赖于岩相，给定点处估计的概率之和可能不为 1。然而，有方法可以克服这个限制(Suro - Perez and Journel，1990)。

考虑到：

$$S_i = \sum_\alpha [I_{ki}(x)]^* \neq 1 \tag{2.114}$$

那么每个相的估计概率可以通过因子进行重新转换：

$$[I_K(x_0)]^{**}=\frac{[I_K(x_0)]^*}{S_i}=\sum_k[I_k(x_0)]^{**}=1$$

因此，无论是多相估计还是每个相的单独估计，都是实现同一目标的有效方法，即对多相结构进行空间特征描述，但情况不同。

1)每个相的单独估计能够通过个体变差函数或协方差模型量化结构差异。然而，在实践中很少使用这种方法，因为随着相数的增加，由于每个相的样本数量减少，对个体变差函数的估计变得更加困难。

2)使用多相变差函数并不意味着我们需要使用一个单一的变差函数模型。同一估计过程中应该对不均匀的多相组进行不同的多相变差函数建模。

第 3 章　地球科学中物理现象的模拟模型

3.1　随机模拟模型

上述第 2.2 节中介绍的克里金模型可以视为对地下地质的平滑表示。得到的模型代表了感兴趣属性的期望均值，而极端的低值和高值通常被低估(图 3.1)(Deutsch and Journel，1992；Soares，2006)。然而，对于油藏特征描述，尤其是对于储量计算和流体流动模拟，基于可靠和非常详细的地下地球模型做出决策是很重要的。这些模型应该在地质上具有现实性，并包含小尺度变化，还能够复现实验数据的极端值(无论是低值还是高值)。除非被建模的变量非常均匀(例如某些地质环境下的层顶、层底和厚度)，对地下地质的平滑表示显然不足以评估极端情况下的不确定性和影响(例如流体模拟中的非常高和低的孔隙度值以及历史拟合问题)。针对这些挑战，尤其是在烃类油藏特征描述方面，可以通过地质统计学中随机序贯模拟模型解决(Goovaerts，1997；Deutsch and Journel，1992)。

事实上，这里介绍的估计方法可以推断出累积分布函数(CDF)的局部统计参数(均值和方差)，这是本节中随机模拟模型的基础，还可以通过生成多个所研究属性的实现，来评估空间不确定性和极值。

地质统计学模拟模型对感兴趣的属性进行插值，复现了从实验数据中提取的边缘分布和联合分布(联合模拟)。它们还能够通过变差函数模型再现空间连续性，并评估给定属性的空间不确定性。

例如，图 3.1 显示了一个二维模型，该模型是通过克里金实验数据从纵波速度创建的，表示该参数的平均性质。其他三个图是使用随机序贯模拟方法得到的相同属性的模型。每个独立的模型可被认为是一种可能的且等概率的随机场结果(第 2.1.3 节)。这些实现包括了不同的模拟模型，这是由于随机模拟算法固有的内在属性不同而导致的，但在先验概率分布和空间连续性模型都相同的假设下可以认为是等概率的。属于实现集合的所有模型具有相同的属性：在其位置上复现实验数据的值；由实验数据复现先验概率分布；用变差函数模型复现空间连续性。

在本书中，模拟模型的目标有两个：

1)模拟模型是表征油藏中岩性、岩相的空间离散度和空间不确定性的重要地质统计工具。

2)地质统计学地震反演方法(在第 4、第 5 和第 6 章中介绍)是一种迭代优化方法，其中关键步骤是生成/扰动油藏的岩石物理和岩石弹性模型，如孔隙度、速度和声波/弹性阻抗等。在所介绍的方法中，这一步骤通过对这些属性进行随机序贯模拟和联合模拟来完成。

自 Journel(1974)的开创性工作以来，使用随机模拟来建模和评估地质现象的空间不

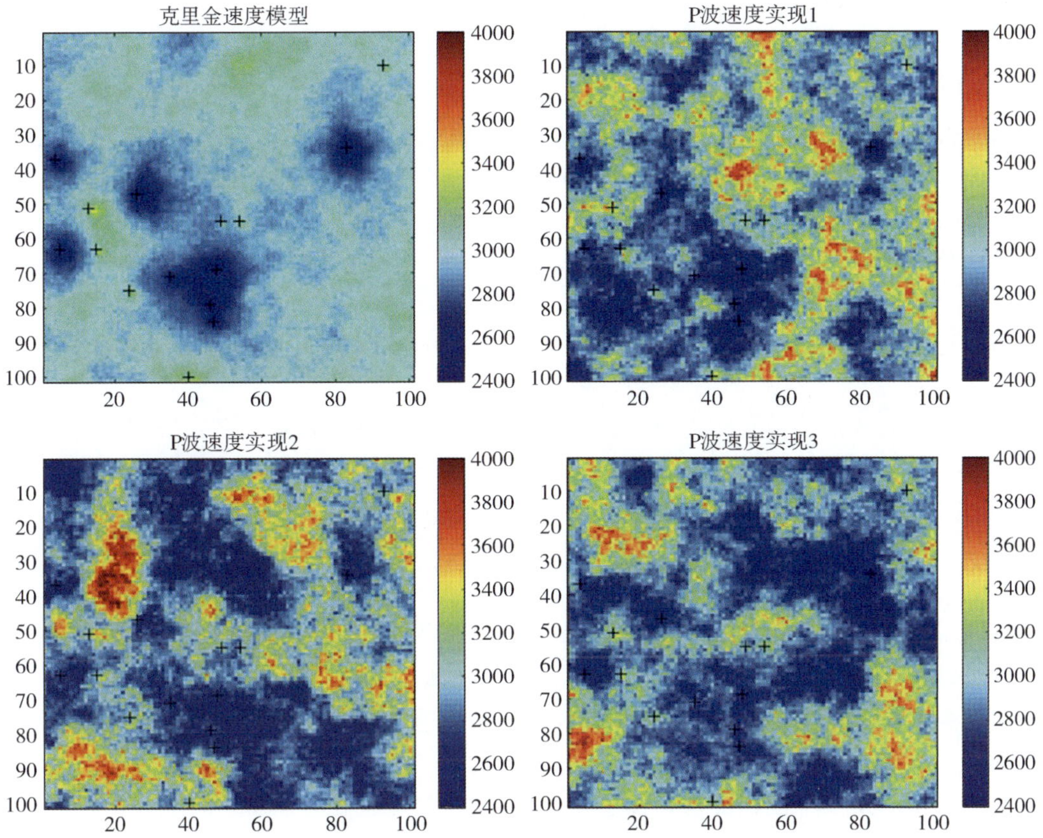

图 3.1　克里金速度模型(左上角)与三个不同的 P 波速度实现的比较

在建模过程中使用的实验数据对于这四个模型都是相同的，其位置用黑色十字表示。

与克里金插值模型相比，模拟模型的变异性要高得多

确定性已经成为不同地质统计学模拟方法的目标，包括 Borgman et al.（1984），Davis（1987），Srivastava（1992），Froidevaux（1993），Omre et al.（1993），Armstrong and Dowd（1994），Shrivastava（1995），Lantuejoul（2002），Dimitrakopulos and Luo（2004），Richmond and Dimitrakopulos（2005），以及 Boucher and Dimitrakopulos（2007）文献。本书关注随机序贯模拟方法（Alabert 1987；Journel and Alabert，1988；Gómez－Hernández and Srivastava，1990），尤其是直接序贯模拟（Soares，2001），因为它适用于地质统计学随机反演。

3.2　序贯模拟模型

序贯模拟方法的基本原理非常简单，它基于贝叶斯规则在连续顺序步骤中的应用（Law and Kelton，1991；Ripley，1987；Journel and Alabert，1988）。假设我们希望从一个多元分布 $F(Z_1, Z_2, Z_3, \cdots, Z_N)$ 中生成一组值 $z_1, z_2, \cdots, z_N$。利用贝叶斯关系

表示为：

$$F(Z_1, Z_2, Z_3, \cdots, Z_N) = F(Z_1)F(Z_2 \mid Z_1)F(Z_3 \mid Z_1, Z_2)\cdots F(Z_N \mid Z_1, Z_2, Z_3, \cdots, Z_{N-1}) \tag{3.1}$$

第一个值 z_1 可以通过例如蒙特卡洛逆变换算法(Law and Kelton，1991)从 $F(Z_1)$ 中采样得到；第二个值 z_2 可以从条件分布 $F(Z_2 \mid Z_1 = z_1)$ 中采样得到；最后一个值 z_N 可以从条件分布 $F(Z_N \mid Z_1, Z_2, Z_3, \cdots, Z_{N-1})$ 中采样得到。因此，z_1，z_2，…，z_N 取决于联合分布 $F(Z_1, Z_2, Z_3, \cdots, Z_N)$。

N 个相关变量 Z_1，Z_2，Z_3，…，Z_N 可以表示研究区域 N 个空间节点上的同一属性。通过对应于实验井样本数据 $Z_\alpha(\alpha=1, \cdots, n)$ 的 n 个条件值，可以将联合分布表示为 $F(N)=(Z(x_1), Z(x_2), Z(x_3), \cdots, Z(x_N) \mid (n))$。

序贯模拟方法的关键在于需准确知道 N 个条件累积分布函数：

$$\begin{gathered} \text{prob}\{Z(x_1) < z \mid (n)\} \\ \text{prob}\{Z(x_2) < z \mid (n+1)\} \\ \cdots \\ \text{prob}\{Z(x_N) < z \mid (n+N-1)\} \end{gathered} \tag{3.2}$$

Journel and Alabert(1988)提出了使用地质统计学来对这些函数进行局部估计的方法。基于指示模拟和多元高斯克里金(第 2 章)，有两种地质统计学算法可用于局部条件分布估计：序贯高斯模拟(第 3.3 节)和序贯指示模拟，分别用于模拟连续变量和分类变量(第 3.5 节)。

本书介绍的第三种模拟算法，即直接序贯模拟(第 3.4 节)，不要求对模拟变量进行转换。通过简单克里金估计 $Z(x)$ 的局部条件均值和方差，可用于对 $Z(x)$ 的全局分布函数进行重新采样。由于该方法在原始变量空间中运行，因此可以很好地适应协方差之间的复杂关系。本章还介绍了复现双变量分布和点分布的联合模拟(第 3.4.3 节)。

3.3 序贯高斯模拟

在序贯高斯模拟(SGS)中，整个过程使用了多元高斯变量。因此，该方法的第一步是将原始数据从现有的实验数据转换为边缘高斯分布变量：

$$Y(x) = \varphi[Z(x)] \tag{3.3}$$

假设这种边缘高斯分布的 $Y(x)$ 是多元高斯的(见第 2 章中的多元高斯方法)，则任意位置 x_0 处的条件概率密度函数完全可由条件均值和方差来描述，可以通过线性估计(如简单克里金估计(式 2.75)和方差(式 2.77))计算得出(Matheron，1978)。然后，可以按照以下序列步骤实现序贯高斯模拟方法：

1)通过高斯变换(式 3.3)，将原始实验数据转换为高斯分布；

2)在整个模拟节点网格上生成一条随机路径 $x_u(u=1, \cdots, N)$，其中 N 是组成规则网格的节点总数；

3)利用原始实验数据和先前模拟数据的简单克里金估计方法，估计局部均值 $z(x_0)^*$

和方差 $\sigma_{SK}^2(x_0)$；

4)从高斯累积分布 $G(y(x_0)^*, \sigma_{SK}^2(x_0))$中提取一个值 y^s。

5)将模拟值添加到条件数据中；

6)循环直到模拟网格的所有 N 个节点都已模拟；

7)逆高斯变换，将模拟值转换为原始数据域的值 $z^s(x)=\varphi^{-1}(y_x^s)$。

这种序贯模拟过程在理论上确保了对 $Y(x)$的变差函数模型的再现(Journel，1989)。然而，最终的逆变换可能是一个关键步骤：当原始直方图 $Z(x)$与钟形对称的高斯分布相比差异很大时，它可能破坏要再现的变差函数模型。

序贯高斯模拟，就像本书中提出的其他序贯模拟算法一样，有一个实用的近似方法：在每个模拟过程的步骤中，模拟值被包括在条件数据集合中，并且随着条件值的增加，n 个条件值的线性组合可能难以准确计算(Gómez - Hernández and Journel，1993)。一种近似方法是选择一组有限的条件数据 $n_1 \subset n$，使得 $n_1 \ll n$ 且 $E\{Y(x_0) \mid (n_1)\} \approx E\{Y(x_0) \mid (n)\}$。

在选择围绕位置 x_0 的条件数据子集时，必须小心。一方面，如果选择的条件数据改善了在位置 x_0 附近的样本，则会导致在模拟模型中优先再现小尺度结构。另一方面，如果条件数据的搜索半径过大，可能会导致所得到的模拟模型中存在虚假的均匀性。

3.4 对实验分布进行直接序贯模拟

本节详细描述了一组随机模拟算法，这些算法直接从实验分布函数、边缘分布或两点分布中进行抽样。直接序贯模拟是一种随机序贯模拟方法，不需要对实验数据进行任何非线性变换(例如高斯变换(见第 3.3 节))。因此，直接序贯模拟是种能再现变量(如声学和弹性特性以及岩石物理特性)之间复杂关系的方法。此外，对于处理不同空间区域的局部分布和局部变差模型而言，它是一种更合适的随机模拟工具(见第 4 章和第 5 章中的案例研究)。这些重要的成就使得这组模拟算法适用于第 4、第 5 和第 6 章中讨论的地震反演。

可以从以下链接下载包含直接序贯模拟算法的可执行文件以及各种方法的应用示例：https：//sites. google. com/view/directsequentialsimulation。

3.4.1 直接序贯模拟

当试图再现更复杂的结构时，如高度扭曲或多模式分布的结构，序贯高斯模拟存在一些局限性。逆高斯变换恢复原始概率分布函数时，可能导致变差函数不能表示原结构。当希望再现多元数据集的联合统计时，通常也会面临相同的变差函数再现问题。

直接使用原始变量的方法基于以下认识(Journel，1994；Journel and Xu，1994)：在传统的序贯方法中，如果局部条件分布以简单克里金估计为中心，并且具有与简单克里金方差相等的条件方差，则变差函数模型的再现是确保的。问题在于，并不能保证从原始变量中恢复直方图。换句话说，只通过原始变量的条件均值和方差不能完全表征局部条件分布函数。

Soares(2001)通过局部条件均值和方差对全局分布重新采样，提出了直接序贯模拟(DSS)算法，将全局实验分布的重新采样概念扩展到双元分布(多元数据集的协模拟，见第 3.4.3 节)和不确定性数据分布(点分布模拟，见第 3.4.4 节)。本章中介绍了这些方法。DSS 算法能够再现被建模储层属性的边缘和联合分布，因而作为反演方法(第 4 章介绍)的核心，优势很明显。

DSS 算法遵循上述引入的序贯模拟方法。与其他序贯模拟算法(如序贯高斯模拟SGS)相比，DSS 不是使用简单克里金估计(式 2.75)和简单克里金估计方差(式 2.77)来定义所提取模拟值的局部条件分布，而是使用估计的局部均值和方差直接对实验数据全局条件分布函数进行采样(Soares，2001)，如图 3.2 所示。模拟值是从辅助概率分布函数($F'_z(z)$)中获取的，该函数是由全局累积分布函数 $F_z(z)$ 构建而成的。选择以简单克里金估计值($z(x_0)^*$)为中心、区间范围与克里金方差 σ_{sk}^2 成比例的 $F_z(z)$ 上的一个区间，来定义 $F'_z(z)$(Soares，2001)：

$$\frac{1}{n}\sum_{i=1}^{n} z(x_i) = [z(x_0)]^* \tag{3.4}$$

$$\frac{1}{n}\sum_{i=1}^{n} [z(x_i) - [z(x_0)]^*]^2 = \sigma_{sk}^2(x_0) \tag{3.5}$$

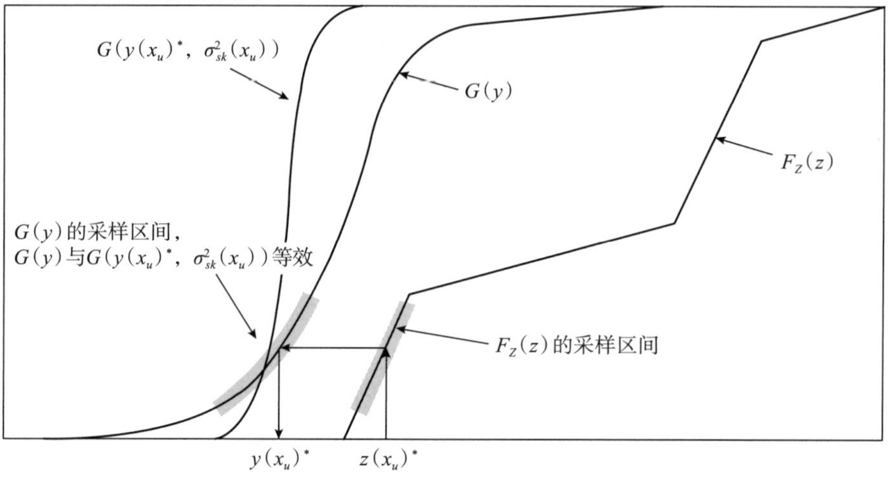

图 3.2 通过 $z(x_0)$的局部均值和方差定义的区间来对全局概率分布 $F_z(z)$进行采样值 $y(x_0)^*$ 对应于局部估计值 $z(x_0)^*$。模拟值 $z(x_0)^*$ 是从 $G(y(x_0)^*, \sigma_{SK}^2(x_0))$定义的 $F_z(z)$的区间中获取的(据 Soares，2001 修改)

构建 $F'_z(z)$的一种方法是定义一个局部高斯累积分布函数 $G(y(x_0)^*, \sigma_{SK}^2(x_0))$，该局部高斯累计分布函数是以估计值($z(x_0)^*$)为中心、区间大小与方差 σ_{sk}^2 成比例的 $F_z(z)$上的一个区间，通过高斯变换(式 3.3)得到的：

$$y(x) = \varphi(z(x)),\ G(y(x)) = F_z(z(x)) \tag{3.6}$$

模拟给定的 ($z^s(x_0)$) 的过程如图 3.2 所示。首先，将由局部简单克里金估计的 $z(x_0)^*$ 和方差 $\sigma_{SK}^2(x_0)$ 定义的原始全局概率分布区间变换到高斯域 $G(y(x_0)^*,$

$\sigma_{SK}^{2}(x_0)$)，然后通过蒙特卡洛模拟从 $G(y(x_0)^{*}, \sigma_{SK}^{2}(x_0))$ 定义的区间中抽取一个值 y^{s}。最后，通过逆变换得到模拟值($z^{s}(x_0)$)：$z^{s}(x_0)=\Phi^{-1}(y^{s})$。

需要强调的是，高斯变换仅用于 $F_z(z)$ 区间的重采样，因此没必要像序贯高斯模拟SGS(Soares，2001)那样要求原始变量满足高斯分布。

DSS 模拟算法可以归纳为以下步骤序列(Soares，2001)：

1)生成一个随机种子，以定义整个模拟网格 x_u($u=1$，…，N)的上随机路径，其中 N 是组成模拟网格的节点总数。

2)使用简单克里金估计从原始实验数据和先前模拟数据，在 u 附近估计局部均值 $z(x_0)^{*}$ 和方差 $\sigma_{SK}^{2}(x_0)$。

3)定义要待采样的全局 $F_z(z)$ 的区间(图 3.2)；

4)从 $F_z(z)$ 的累积分布函数中抽取一个值 $z^{s}(x_0)$；从均匀分布[0，1]中生成一个值 u；从 $G(y(x_0)^{*}, \sigma_{SK}^{2}(x_0))$ 中生成一个值 y^{s}；返回模拟值 $z^{s}(x_0)=\varphi^{-1}(y^{s})$。

5)将模拟值添加到条件数据中。

6)循环直到所有 N 个模拟网格节点都被模拟。

得到的模拟模型能够复现从实验数据估计得出的先验概率分布。它们在其自身位置上符合数据值，并且能够复现由协方差模型(变差函数模型)施加的空间连续性模式(图 3.3)。

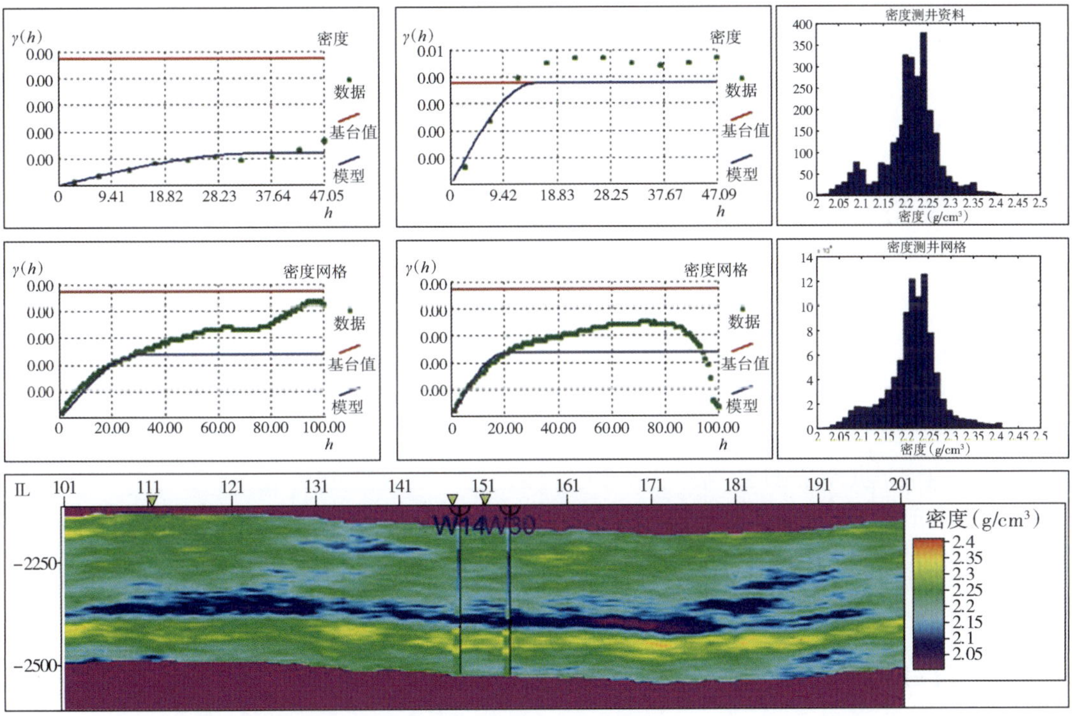

图 3.3　上部：从测井数据估计得出的全方位和垂直方差模型以及概率分布函数。中部：以上图同样的测井数据作为条件数据，利用 DSS 模拟的一个实现得出的全方位和垂直方差模型以及概率分布函数。模拟模型中还复现了从实验数据中估计出的方差模型和概率分布函数。底部：从模拟模型中提取的垂直剖面，符合测井数据(W14 和 W30)在其位置上的情况

3.4.2 直接序贯协模拟

在许多情况下，我们通过属性之间潜在的相关性，生成两个或多个属性(例如孔隙度、声阻抗、渗透率)的空间实现。这可以通过联合模拟或协模拟模型实现(Soares，2001；Horta and Soares，2010)。本书着重讨论序贯协模拟方法，特别是直接序贯协模拟。

贝叶斯原理(式 3.1)可以扩展到协模拟过程：首先模拟一个变量，然后在第一个变量的条件下协模拟第二个变量。例如，假设我们有两个相关变量，首先使用任何随机序贯模拟过程(例如 SGS，DSS)模拟一个次要变量 $Z_1(x)$，然后在先前模拟的 $Z_1(x)$ 模型的条件下，协模拟出我们想要的新属性，即主变量 $Z_2(x)$。

在直接序贯协模拟中，为了从全局先验概率分布 $F_{Z_2}(z)$ 中进行采样，我们不仅基于 $Z_2(x)$ 样本数据，还基于位于 x_0 处的 $Z_1(x)$ 来估计 $Z_2(x)$ 的局部均值和方差。这可以通过简单协克里金估计实现(Almeida and Journel，1994；Soares，2001)：

$$[Z_2(x_0)^*]_{CSK}=\sum_{\alpha=1}^{N}\lambda_\alpha[z_2(x_\alpha)-m_2]+\lambda_\beta[z_1(x_0)^*-m_1]+m_2 \tag{3.7}$$

其中 m_1 和 m_2 分别是 $z_1(x)$ 和 $z_2(x)$ 的均值。

$$\sigma^2_{CSK}(x_0)=\operatorname{var}\{Z_2(x_0)^*-Z_2(x_0)\} \tag{3.8}$$

协模拟过程可以总结为以下步骤：

1)使用 DSS 对网格进行第一个变量 $Z_1(x)$ 的模拟。

2)生成一条随机路径覆盖整个模拟网格 $x_0(u=1,\cdots,N)$，其中 N 是组成模拟网格的节点总数。

3)使用简单协克里金估计 $[Z_2(x_0)^*]_{CSK}$ 和相应的协克里金方差 $\sigma^2_{CSK}(x_0)$，然后估计 x_0 处的局部均值和方差，利用的是邻域数据 $z_2(x_\alpha)$(由实验数据和先前模拟数据及 $z_1(x_0)$ 生成)。

4)根据之前解释的方法(图 3.2)定义要采样的 $F_{z2}(z)$ 的区间。

5)从 $F_{z_2}(z)$ 的累积分布函数中抽取一个值 $z_2(x_0)^s$：生成一个在[0，1]之间的均匀分布的随机数 u；从 $G(y(x_0)^*,\sigma^2_{CSK}(x_0))$ 中生成一个值 y^s；返回模拟值 $z_2^s(x_0)=\varphi^{-1}(y^s)$。

6)将模拟值添加到条件数据中。

7)循环直到所有 N 个模拟网格节点都被模拟。

通过协模拟方法得到的模型，能够复现 $F_{z_2}(z)$ 的边缘概率分布、实验数据值在自身位置的值 $z_2(x_\alpha)$、空间连续性模式以及两个变量之间的空间相关性(Soares，2001)。

3.4.3 联合概率分布随机序贯协模拟

无论实验数据中主要变量和次要变量之间的联合概率分布如何，直接序贯协模拟方法得到的模型只能复现主要和次要变量之间的线性相关性(图 3.4；Horta and Soares，2010)。这对于协模拟方法来说是一个明显的局限性。

在储层表征中，创建能够复现联合概率分布的储层模型是非常重要的，这些分布是根

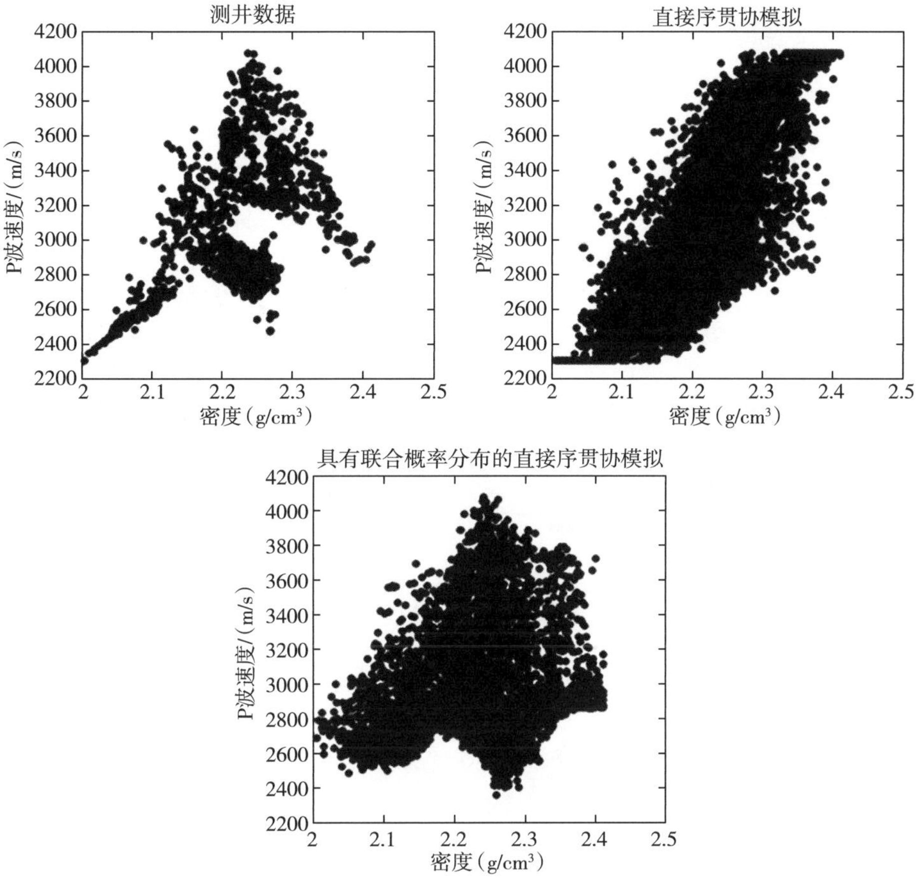

图 3.4　左侧：从测井数据估计得出的联合分布；中间：利用直接序贯协模拟，由模型之间的双变量分布估计得出的联合分布；右侧：从使用具有联合概率分布的直接序贯协模拟估计得出的联合分布。使用联合概率分布直接序贯协模拟方法可以在模拟模型中复现从测井数据估计得出的双变量分布

据测井数据中感兴趣的性质之间的关系估计得到的。例如，在地震反演方法中，必须复现密度、纵波速度和横波速度(或声阻抗和弹性阻抗)之间的非线性关系，以进行岩相分类。对复杂地下岩石的弹性模型进行建模时，仅仅模拟属性之间的线性关系显然是不够的(Avseth et al.，2005)。

联合概率分布直接序贯协模拟方法，成功地缓解了传统直接序贯协模拟方法的局限性(Horta and Soares，2010)。基本上，该算法将全局分布重采样的概念扩展到联合概率分布，以确保在模拟模型中复现主要和次要变量之间的实验联合概率分布。图 3.4 显示了从测井数据估计的纵波速度和密度之间的双变量图、使用直接序贯协模拟估计的双变量图，以及使用联合概率分布直接序贯协模拟得到的双变量图。

和序贯模拟方法一样，联合概率分布直接序贯协模拟方法也基于贝叶斯定理。该模拟方法假设先前模拟过的模型，次要变量 $Z_1(x)$ 是使用 DSS 对整个模拟网格计算出的，然后协模拟出主要变量 $Z_2(x)$。

对于在随机路径的节点 x_0 处模拟的 $Z_1^s(x_0)$，由全局双变量分布(图 3.5)中估计出以下条件累积分布函数：

$$F(Z_2(x_0) \mid Z_1(x_0)=z_1^s(x_0)) \tag{3.9}$$

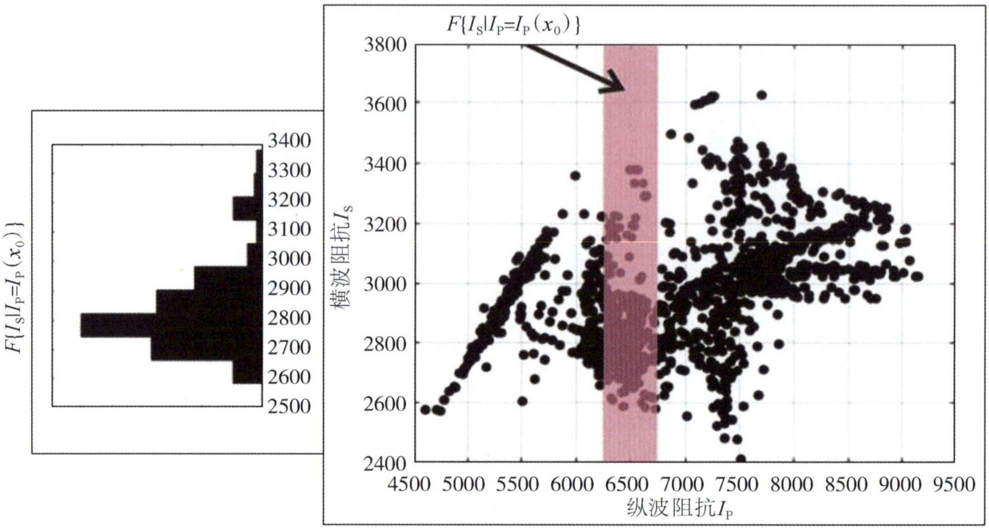

图 3.5　联合概率分布直接序贯协模拟的示意图，以估计条件累积分布函数 $F\{I_S \mid I_P=I_P(x_0)\}$

使用简单协克里金估计(式 3.7)和简单协克里金估计方差(式 3.8)，可以估计局部条件均值和方差。不必对全局分布 $Z_2(x)$ 进行重采样，而是根据局部条件均值和方差对该条件分布(式 3.9)进行重采样，以获得 $Z_2^s(x_0)$ 的值。

联合概率分布直接序贯协模拟可以复现主要变量的边缘概率分布函数；在其空间位置上符合实验数据的值，并且还能复现空间连续性模型。此外，从主要和次要变量之间的实验数据估计的联合概率分布函数 $F(Z_2(x) \mid Z_1(x))$ 也可以复现，这是该模拟算法的主要目的。

该过程可以归纳为以下步骤(Horta and Soares，2010)：

1)从实验数据中估计全局双变量分布 $F(Z_2(x) \mid Z_1(x))$；

2)使用 DSS 对整个模拟网格模拟次要变量 $Z_1(x)$；

3)沿着随机路径，根据原始实验数据、先前模拟数据 $z_2(x_\alpha)$ 和次要变量数据 $z_1^s(x_0)$，在 x_0 处使用简单协克里金估计 $[Z_2(x_0)^*]_{CSK}$ 和相应的协克里金方差 $\sigma_{CSK}^2(x_0)$，估计局部均值和方差；

4)基于模拟得到的次要变量值 $z_1^s(x_0)$，从全局联合概率分布 $F(Z_2(x) \mid Z_1(x))$，计算条件累积分布函数 $F(Z_2(x_0) \mid Z_1(x_0)=z_1^s(x_0))$；

5)按照传统 DSS 方法，从条件累积分布函数 $F(Z_2(x_0) \mid Z_1(x_0)=z_1^s(x_0))$ 中模拟得到 $z_2^s(x_0)$ 的值。

使用联合概率分布直接序贯协模拟进行随机模拟产生的模型再现了主要变量和次要变量之间的双变量空间分布(图 3.6)。

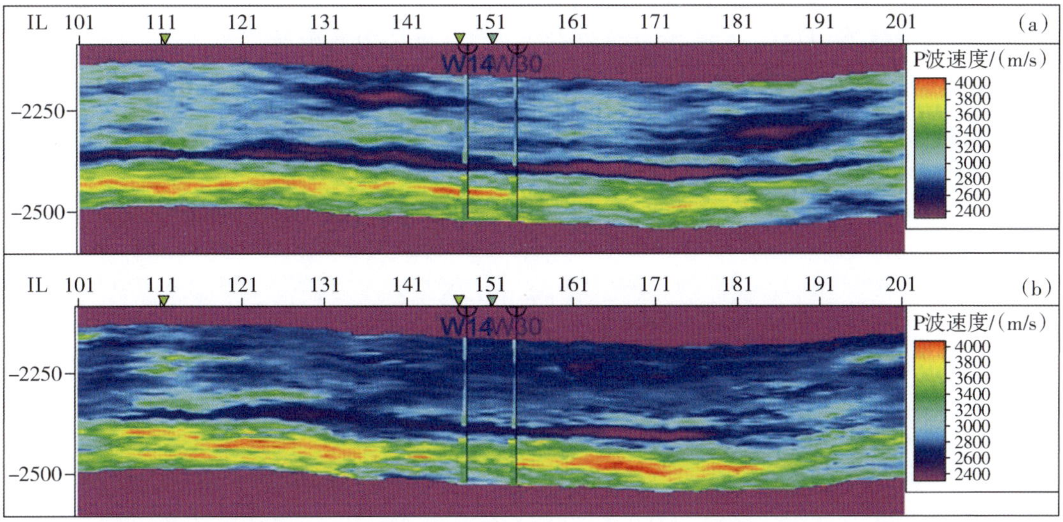

图 3.6 直接序贯协模拟模型(a)与联合概率分布直接序贯协模拟模型(b)的比较。图 3.3 所示的模型被用作协模拟过程中的次要变量。两种方法估算出的联合概率分布，示于图 3.4 中

3.4.4 不确定数据的随机模拟：点概率分布直接序贯模拟

传统的 DSS 假设将可用的实验数据，例如现有的测井数据，视为无任何不确定性的硬数据。然而，在某些情况下，测井数据可能存在相当大的不确定性。例如，有些情况下我们只能获取到孔隙压力或孔隙度的上下边界，并且沿井眼方向的不稳定性会导致感兴趣属性的不确定性和错误读数。在井数据采样位置上，这些不确定性可以解释为沿井轨迹的概率分布函数，而不是每个样本都有一个确定值。在这些情况下，随机序贯模拟必须考虑这些测井数据的点分布，同时也要考虑要建模变量的局部分布，就像通常的过程一样(见第 3.4.1 节)。为了处理点分布，Srivastava(1992)和 Froidevaux(1993)提出使用概率场模拟方法生成空间概率场，通过蒙特卡洛方法产生 $Z(x)$的随机场。这种方法在三维高各向异性场的变差函数再现时出现问题，并且在条件数据位置处也存在假象(Pyrcz and Deutsch，2002)。

这里所提出的方法旨在将数据测量的不确定性(局部分布)整合到随机序贯模拟的框架中。它采用了序贯方法，在模拟整个网格之前，首先从局部分布中提取位于 x_β 处的实验数据值，然后在第二步中，对先前模拟的实验数据进行条件约束，序贯模拟整个节点网格。从 $F(z(x_\beta))$中提取的数据值 $z(x_\beta)$必须不仅要复现这些局部概率分布函数，还要复现由空间协方差揭示的空间相关性。

生成空间相关的数据值的思想包括两个步骤：首先，在实验数据位置上，利用邻域“硬”数据 $z(x_\alpha)$和先前从其他不确定数据分布中提取的值，计算局部均值和方差；然后，按照直接序贯模拟方法的思路(Soares，2001)，利用局部均值、方差和局部分布生成模拟值。

模拟的数据值，由于来自以简单克里金均值和方差为中心的分布，不仅能够复现空间

协方差(Journel，1994)，还能复现局部分布(Soares，2001)。这是一种联合概率分布直接序贯模拟的改进版本(Horta and Soares 2010)，可以概括为两个基本步骤：

首先，采用直接序贯模拟方法，通过使用局部分布 $F(z(x_\beta))$ 在实验样本数据位置 $x_\beta=1$，…，N_d 处生成 N_d 个值。在给定的样本位置 x_β 上，通过基于已知的"硬"数据 $z(x_\alpha)$ 和先前模拟的不确定实验数据 $z^s(x_\beta)$ 进行简单克里金插值，计算 $z^s(x_\beta)$ 的均值和方差。在简单克里金估计的局部均值处的局部分布 $F(z(x_0))$，抽取实验位置 x_0 处的值 $z^s(x_0)$：

$$z^s(x_0)=\sum\nolimits_\lambda \lambda_\alpha(x_0)z(x_\alpha)+\sum\nolimits_\beta \lambda_\beta(x_0)z^s(x_\beta)$$

其中 λ_α 和 λ_β 分别是与已知"硬"数据和先前模拟的不确定实验数据之间的克里金权重。

其次，在生成了一组由局部分布产生的 N_d 个实验样本数据后，在第二阶段，利用直接序贯模拟方法在整个节点网格上生成 $z(x)$ 值，在实验位置处的模拟值加上可能的硬数据 $\{z(x_\alpha),\ \alpha=1,\ \cdots,\ N;\ z(x_\beta),\ \beta=1,\ \cdots,\ N_d\}$。对于每次实现，在模拟其他模型之前，必须生成一组新的样本数据。

3.5 分类变量的模拟方法

3.5.1 指示模拟

在油藏表征中，常使用相(岩相、岩性组合、岩石类型)的概念来描述岩石物性特征(如高孔隙度、低渗透率等)。其目的是描述这些均质相的空间分布，而不是岩石物性特征本身的空间分布。因此这些相可以看做分类变量。

本节将介绍一套描述地质体形态的分类变量模拟方法。这些模拟方法的目的是生成与现有样本值集合相同统计特征(包括离散度和空间连续性)的指示模拟模型。这些算法基于第 2 章中提出的分类变量估计方法。

基于第 2 章中的分类变量估计方法，对一组互不重叠的相 $X_k(k=1,\ \cdots,\ N)$ 进行模拟，步骤如下：

1)定义分类变量 $I_k(x)$ 的向量。

$$I_k(x)=\begin{cases}1 & \text{当 } x\in X_k,\ k=1,\ \cdots,\ K\\ 0 & \text{当 } x\in X_j,\ j\neq k.\end{cases} \tag{3.10}$$

对每个相 X_k，我们可以定义期望值 $m_k=E\{I_k(x)\}$，即 X_k 在区域 A 中的比例。其中，该组 $I_k(x)(k=1,\ \cdots,\ K)$ 的空间连续性可以通过多相协方差(式 3.11)或变差函数(式 3.12)来衡量：

$$C(h)=E\left\{\sum_{k=1}^{K}[I_k(x).I_k(x+h)]\right\} \tag{3.11}$$

$$\gamma(h)=\frac{1}{2}E\left\{\sum_{k=1}^{K}[I_k(x)-I_k(x+h)]^2\right\} \tag{3.12}$$

2)在研究区域 A 中，随机选取位置 x_1，计算其克里金估计。

$$[I_k(x_1)]^* = \text{prob}\{x_1 \in X_k\}^*, \quad k=1, \cdots, K \tag{3.13}$$

估计值 $[I_k(x_1)]^*(k=1, \cdots, K)$可以通过每个单独相的协方差或多相协方差来获得。后者意味着只求解一个克里金系统。

3)纠正可能存在的错误顺序关系。

估计的局部概率值之和必须为 1：

$$\sum_{k=1}^{K}[I_k(x_1)]^* = 1 \tag{3.14}$$

多相克里金可确保该关系，因为它使用单个模型来估计 K 个$[I_k(x_1)]^*(k=1, \cdots, K)$。

然而，从单相或多相克里金系统可能计算出负权重，导致估计值可能不在区间[0～1]内——$I_k(x_1)^* > 1$ 或 $I_k(x_1)^* < 0$。在这些情况下，我们需要对顺序关系进行修正。

4)计算“伪”累积函数。

$$[F_l(x_1)]^* = \sum_{k=1}^{K} I_k(x_1)^*, \quad k=1, \cdots, K \tag{3.15}$$

5)生成在 0～1 之间均匀分布的 p 值。因此：如果 $p \in [[F_{k-1}(x_1)^*], [F_{kl}(x_1)]^*]$，则 x_1 属于相 k，即在 x_i 中模拟的值被转换为：$I_k(x_1)=1$，且 $I_j(x_1)=0$，$j \neq k$。

6)将模拟值 $I_k(x_1)(k=I, \cdots, K)$加到条件数据中，以用于下一个位置的模拟。重复步骤 1)到 6)，直到访问完 A 中的所有位置。

有些情况下，序贯指示模拟会在各岩相最终所占比例上引入偏差，因此无法复现每个相的全局比例：每个相的最终比例取决于最先随机模拟点在区域 A 内的位置。如果最先模拟的点位于某个相的实验数据附近，该特定相的估计值比例在序贯模拟过程中就会快速增加，并且很难从实验数据估计中复现全局比例。如果方差范围较大，这种效应可能会很严重，极大影响了占比较小的分类变量。Soares(1988)提出了一种根据相的全局比例对局部概率进行校正的方法。

3.5.2 分类变量的替代模拟方法

另外，还有一类利用序贯高斯模拟(见第 3.3 节)来模拟分类变量的方法，例如，截断高斯模拟或多高斯模拟。其思想是使用序贯高斯模拟生成一个或多个高斯随机场(见第 3.3 节)，并使用与不同相比例相关的阈值对一个高斯分布的类别进行分类(截断高斯模拟)，或者使用两个或多个高斯场的联合截断对相态进行分类。在这种情况下，阈值是基于相态联合分布模型计算得到的(Galli et al.，1994；Le Loc'h et al.，1994)。

3.5.3 分类变量的高阶随机模拟

分类变量也可以基于多点统计(见第 2 章)进行模拟。多点统计克服了两点统计无法复现连通性模式的局限性，通过同时使用一组点来推断给定位置感兴趣属性的性质(Iaco and Maggio，2011)。在这种高阶统计框架中，以下参考文献总结了地球科学中最著名的多点地质统计建模技术：Strebelle(2002)、Arpat and Caers(2007)、Daly and Caers(2010)、Mariethoz et al.(2010)、Mariethoz and Caers(2014)。最近，提出了使用高阶统计或高阶累积量对非高斯地球现象建模的方法(Dimitrakopoulos et al.，2010)。

多点地质统计基于训练图像的概念，训练图像是现实地质情况的概念表示。使用训练图像克服了高阶统计所需的实验数据不足的问题：数据可以直接从训练图像得出。因此，训练图像必须能够表征给定研究区域的预期结构以及感兴趣属性的空间分布。在储层建模中，这个训练图像通常由地质学家提供，地质学家需要对研究区域的构造和沉积地质有一个大致的了解。用于储层建模的最知名的多点地质统计算法和软件包括SNESIM(Strebelle，2002)、SIMPAT(Arpat and Caers，2007)和直接采样(Mariethoz et al.，2010)。

第 4 章　储层建模和表征中的地球物理数据整合

本书下面将讨论如何将不同类型的信息整合到具有高空间分辨率的岩石弹性物性模型中，用于表征油气藏，例如岩性、岩相和流体饱和度等感兴趣的属性。这些建模技术基于上述地质统计方法，并且它们的优势在于能够将具有不同时间域和空间域的数据，以及不确定性的数据(例如地震反射和井数据)整合到一致且实际的油气藏模型中。

传统上，油气藏模型仅由稀疏井的信息构建，并且可能根据地质学家提供的次要变量(如趋势图或地质模型)进行调整。尽管井数据提供了某种程度上对地下属性的“硬”测量，但在大多数情况下，由于可用井的数量较少，数据缺乏空间代表性，因此相应的模型对整个油气藏区域复杂且变化的地下地质描述有限(Dubrule 2003)。

由于地震反射数据能够覆盖储层的完整空间范围，因此具有高空间代表性。它为我们提供了观察地下属性的不同视角。然而，与测井数据相比，地震反射数据在垂直方向(时间域)上具有较差的空间分辨率，并且由于测量误差和地震信号与地下属性之间的非线性关系，也具有更大的不确定性。

鉴于地震反射数据具有丰富的数据覆盖空间范围，使用此类信息作为三维油气藏建模的条件数据一直是基于直接方法的地质统计学方法的目标。这些方法包括将地震反射数据作为趋势进行模拟，或者将地震反射数据(或任何其他地震属性，如声阻抗)作为次要变量进行协模拟(Dubrule，2003；Doyen，2007)。这些方法的问题在于同时使用的数据，来自不同的空间域或者时间域，尺度也不同，另外，地震振幅与感兴趣的地下岩石弹性物性之间关系通常也较差。

至于整合不同域的数据，Liu and Journel(2009)提出了一种新的 DSS 方法——直接块序贯模拟，用于将大尺度(地震数据)和小尺度(测井数据)数据进行整合。但是，该方法未考虑地震振幅与地下岩石物性之间的关系，而这是任何常规趋势模拟或协模拟方法的必要条件。因此，这仍然是这些方法的主要限制。

然而，如果地震反射数据或其振幅与地下岩石物性(如岩相、孔隙度和饱和度)关系不大，但其他地震属性，如声阻抗和/或弹性阻抗，可能与某些岩相和/或孔隙度类别有显著关联。由于这些参数(例如声/弹性阻抗)与地震振幅有物理相关性，这就引入了一类基于反问题求解的方法，这类方法可以对简单、不适定、非唯一解的问题求解：人们将想要得到的模型参数(由地下弹性特性性质导出的反射系数)，与已知的子波卷积即可得到已知解(记录的地震振幅)。

关于地震反演理论可参考 Tarantola(2005)，而关于地震反演的简要介绍可在后面找到(见第 4.1 节)。地震反演问题最初采用的是确定性方法，这是一种寻求目标(通常是合成地震数据与观测到的地震反射数据之间的误差)最小值的优化过程，(Lindseth，1979；Lancaster and Whitcombe，2000；Russell，1988；Coléou et al.，2005)。

近几十年来，地震反演已成功地扩展为评估三维地下弹性模型不确定性的统计框架，而确定性反演方法很难解决。在众多解决地震反演的统计学反演方法中，有两种不同的随机反演方法值得一提。

第一类随机方法将地震反演视为迭代和收敛过程中的优化问题。这类方法包括传统上称为地质统计学迭代地震反演方法，该方法由 Bortolli et al.（1993）开创的。后来学者们使用一种随机序贯模拟算法（序贯高斯模拟，见第 3.3 节）以生成声阻抗地震道的空间随机场，然后逐道进行优化，但无法区分信号和噪声，这成为该方法的主要限制。后来提出了克服这些限制的替代方法（例如 Soares et al.（2007）的文献）。

第二类随机地震反演算法被称为线性贝叶斯反演方法。这些方法基于贝叶斯框架对反演问题求特定解。假设参数和观测值以及数据误差都是多元高斯分布的，则允许线性化正演模型（Buland and More，2002）。最近一些作者通过使用高斯混合模型（Grana and Della Rossa，2010）来克服该方法的一些限制，特别是多高斯假设。

本书的地震反演方法聚焦基于地质统计学迭代过程的方法，其中模型参数空间通过随机序贯模拟算法进行全局扰动。这些地质统计学反演方法基于具有局部和点分布的 DSS 和联合协模拟的方法（见第 3 章）。由于它们不涉及参数或观测值的非线性变换，因此这些方法在解决不同数据整合的反演问题上具有极高的潜力，例如地震反射和电磁数据的联合反演或生产数据和地震数据的联合反演（见第 6 章）。

4.1 地震反演

对地球物理系统（例如地下岩石弹性特性）的预测可以通过一个能全局解释该系统的理论模型进行。预测特定物理系统（例如天气预报）的过程通常被称为正演模拟。一方面，在正演过程中，我们试图对系统的参数进行建模以获得其解决方案。另一方面，在物理反问题中（例如地震反演问题），已知有限的间接测量数据，我们试图推断该系统模型参数（Tarantola，2005）。

地球物理反问题旨在从一组受到不同来源的测量/观测误差（e）污染的间接地球物理测量/观测（$d_{obs} \in R^n$）中，推断出地下地质的物理属性和模型参数（$m \in R^n$）。观测数据（d_{obs}）和感兴趣的地下物性（m）通过正演模型（F）相连。如果正演模型可以在数学上描述，并且已知模型参数，则可以通过式 4.1（Tarantola，2005）合成观测数据：

$$d_{obs}=F(m)+e \tag{4.1}$$

在特定的地震反演问题中，d_{obs} 表示记录的地震反射数据和测井数据（如果有的话），F 通常定义为卷积模型，m 是待反演的模型空间参数。这些物性参数取决于反演的目标：声波和/或弹性阻抗、密度、P 波和 S 波速度模型等。式 4.1 中的正演模型 F 可以通过式 1.1 来描述。

地震反演问题是非线性、病态的，并且由于地震方法本身的固有限制而具有非唯一解。这些固有限制包括地震反射数据有限的带宽和分辨率、噪音、测量误差、数值近似、正演模型相关的物理假设（Tarantola，2005；Bosch et al.，2010；Tompkins et al.，

2011)。在假设正演模型有效的情况下，通过地震反演过程获得的最佳反演模型，只是满足地震反射数据的多个地下模型中的一组可能解。由于解的非唯一性，我们可以说，如果记录的地震数据与从最佳反演模型计算得出的合成地震反射数据不匹配，则可以推断真实弹性模型与反演模型之间的对应关系也不好。然而，反之未必成立。即使在观察到和反演的合成地震反射数据之间存在良好匹配，真实的地下模型和反演的地下模型也可能并不吻合——反演的解可能会收敛到远离全局最小值的局部最小值(Tarantola，2005)。地震反演的非唯一性是方法论中的一个非常重要的问题。无论选择的方法和解决地震反演问题的基本假设是什么，反演的弹性模型都存在不确定性，需要在反演过程中进行持续评估(Bosch et al.，2010；Grana and Della Rossa，2010；Tompkins et al.，2011)。

反演的地下弹性模型现在经常用于储层建模和表征研究。因此，重要的是了解不同的地震反演方法和与之相关的基本假设(例如关于先验概率分布和空间连续性模式的假设)。这些假设对探索模型参数空间和评估最佳反演模型的不确定性具有重要影响。地震反演问题可以分为两种主要方法：确定性方法(也称为优化技术)和概率性方法(Bosch et al.，2010)。

有限频带反演、地震道积分(Lindseth，1979)、有色反演(Lancaster and Whitcombe，2000)、稀疏脉冲反演、基于模型的反演(Russel，1988)是叠后地震反演中主要的确定性算法。在这些反演过程中，稀疏脉冲反演和基于模型的反演方法是地球物理学界最广泛采用的确定性反演技术(Bosch et al.，2010)。稀疏脉冲反演是一种模型驱动的技术，通过反褶积逐道求取真实反射系数的稀疏估计。采用这种方法，只有一小部分反射系数和子波褶积，以再现真实地震道。然后，稀疏脉冲反演得到的阻抗与低频模型相结合，以更好地约束观测数据，也为反演后的地震道增加了空间一致性(Russel，1988；Russell and Hampson 1991；Bosch et al.，2010 年)。在基于模型的方法中，首先将一个初始的地下模型(通常被称为低频模型)应用于反演算法，然后扰动该模型，直到产生的合成地震数据与记录的地震数据相关性足够好(Russel，1988；Russell and Hampson，1991)。在这些框架下，反演后的阻抗模型提供了地下地质特性的平滑表示，与真实的复杂地下岩石物性和地质特征相比，具有更少的空间变异性(Russell and Hampson 1991)。

尽管在工业中已经广泛使用这些方法，但对于确定解的不确定性评估是不足的。在这个框架内，不确定性只能通过对最佳拟合逆解的线性化来评估，而最佳拟合逆解通常是通过最小二乘法得到的。由于这个限制，这些方法不适用于高度非线性的反问题，比如叠前地震反演和复杂的地质环境(Tarantola，2005；Tompkins et al.，2011)。

在随机方法中，贝叶斯方法确保了不确定性从实验数据(例如测井数据)的先验概率分布到模型参数空间概率分布的传递(Grana et al.，2012)。在这个框架内，克服了确定性解的线性假设，可以更全面地探索不确定性和模型参数空间。然而，不确定性评估取决于反问题的参数化，例如对先验分布和空间连续性模式的假设(Scales and Tenorio，2001)。

地质统计学方法将反问题的解定义为模型参数空间上的概率密度函数(Bosch et al.，2010)。通常，通过蒙特卡罗采样或使用地质统计学的序贯模拟结合全局优化算法来求反问题的解。遗传算法(例如 Mallick，1995，1999；Boschetti et al.，1996；Soares et al.，

2007 文献）和模拟退火算法（Sen and Stoffa，1991；Ma，2002）属于这类反演方法。与确定性反演方法相比，这些随机方法通常计算成本更高（Bosch et al.，2010）。

4.2　将地震反射数据整合到地下地质模型的贝叶斯框架

线性贝叶斯反演方法（例如 Buland and More，2003；Buland and El Ouair，2006；Grana and Della Rossa，2010 文献）将正演算子线性化，并在观测到的地震数据中使用多元高斯分布作为先验概率分布和误差的分布。基于上述假设，在数学上可以得到逆解，并且计算时间比基于遗传算法（见第 4.3 节）或模拟退火的迭代地质统计学反演方法要低得多。然而，即使存在准确的先验信息，降低计算量对不确定性空间的探索也有直接影响（Scales and Tenorio，2001；Tarantola，2005；Bosch et al.，2010）。为了克服先验概率分布的高斯假设带来的限制，同时保持线性贝叶斯过程的计算效率，Grana and Della Rossa(2010)使用高斯混合模型开发了一种贝叶斯线性反演框架。在他们的方法中，将先验概率分布定义为高斯混合，并使用线性化的正演模型。这样推断得出的后验概率分布也可以用高斯混合模型进行解析表示。

鉴于贝叶斯反演方法（Tarantola，2005；Buland and More，2003；Buland and El Ouair，2006）在地震储层表征中的重要性，我们在这里介绍这些线性反演方法所共有的主要原理。

假设模型参数空间由 m 定义，例如地下 P 波速度、S 波速度和密度，观测数据由 d 表示，即记录的地震反射数据和测井数据。贝叶斯反问题的解由后验分布 $p(m \mid d)$表示，可以表示为似然函数 $p(d \mid m)$和先验模型 $p(m)$的乘积：

$$p(m \mid d)=p(d \mid m)p(m) \tag{4.2}$$

在贝叶斯地震反演中，向量 m 和 d 被假设为多元高斯分布（Buland and Omre 2003；Grana and Della Rossa 2010）。因此，后验条件分布 $p(m \mid d)$是一个多元高斯分布 $N(\mu_{m|d}, \sum_{m|d})$，其中 $\mu_{m|d}$ 是条件均值，$\sum_{m|d}$ 是协方差（Anderson，1984）。

$$p(m \mid d)=N(\mu_{m|d}, \sum\nolimits_{m|d}) \tag{4.3}$$

式中：$\mu_{m|d}=\mu_{m|d}+\sum_{m|d}\sum_{d}^{-1}(d-m)$ 和 $\sum_{m|d}=\sum_{m}-\sum_{m|d}\sum_{d}^{-1}\sum_{m|d}$，其中 $\sum_{m}$ 是 m 的协方差矩阵、$\sum_{d}$ 是 d 的协方差矩阵，$\sum_{m|d}$ 是 m 与 d 的交叉协方差矩阵。

当在多元高斯空间中寻找解时，这是 Tarantola(2005)提出的反演问题的特殊情况。

即使在线性化求解方法中（例如 Buland and Omre 2003；Buland and El Ouair，2006 文献），将子波和反射系数的褶积写为线性算子，式 4.2 也不能直接通过解析方法计算。因此，一些作者提出了随机模型（例如 Buland and More，2003；Buland and El Ouair，2006 文献），使用马尔可夫链蒙特卡洛（MCMC）算法进行后验分布的重采样，通常使用 Metropolis - Hastings 算法（或在更特殊的情况下，使用 Gibbs 采样）。

在贝叶斯反演中，MCMC 采样包括提取弹性属性（例如 P 波和 S 波速度和密度）的空间随机场，并且在每次迭代中通过似然函数来检查新实现的可接受性。后验重采样方法必须确保算法收敛到稳定解，即后验分布。因此，先验模型非常重要，以确保收敛过程的稳定性。通常选择的先验模型 $p(m)$包含地震反射数据中缺失的低频成分。低频模型可以是利用测井数据建立的克里金模型。

尽管贝叶斯反演方法实现简单，但其也存在一些限制。主要限制之一是所有参数和观测数据之间的多元高斯假设。一些作者认为多元高斯分布仅用于给定先验模型 $p(m)$的残差。在这种情况下，先验模型对反演弹性模型的可靠性起着关键作用。第二个限制是反演模型的时间分辨率，它受限于地震数据的分辨率。

贝叶斯框架的限制可以通过使用非高斯分布和前向算子非线性化的反演方法来克服。满足这些条件的最常见的反演技术是基于随机序贯模拟的迭代过程。

4.3　迭代地质统计学反演方法

地震反演的目的是通过地震反射数据推断地下的弹性或声学特性。不同的反演方法有不同的限制，获取的反演模型可以是叠后地震数据的声波阻抗和/或弹性阻抗，如果使用更复杂的算法来反演叠前地震反射数据，则可以是纵波和横波模型(Francis，2006)。

地震反演是一个病态的非线性问题，有多个解，这可以通过式 4.1(Tarantola 2005)总结。其目标是估计一个地下地球模型 m，经过正演模拟 F，产生与记录的地震数据相关性很好的合成地震数据。观测数据和合成地震数据之间的匹配通过最大化(或最小化)目标函数来实现，该目标函数衡量反演结果和真实地震之间的误差。例如，目标函数可以是 Pearson 相关系数(式 4.4)：

$$\rho_{X,Y}=\frac{cov(X,Y)}{\sigma_X\sigma_Y} \tag{4.4}$$

式中：cov 被定义为变量 X 和 Y(即合成地震数据体和真实地震数据体)之间的中心协方差，σ 是每个变量的个体方差。也可以采用更复杂的目标函数，计算合成和记录地震反射数据之间的最小二乘误差，并与 Pearson 相关系数结合。

由于地震反演问题的固有性质，将其纳入统计学框架(如第 2 章介绍的地质统计学模型)中是合适的。相比确定性或线性化方法，随机反演能够得到更实际和非均质的模型。在反演的弹性模型中，重要的是再现地质、油层物理和岩石物理组分的主要特征，因为它们是储量计算和流体模拟的基础(Francis，2006；Bosch et al.，2010)。

地质统计学的地震反演框架由一个迭代过程组成，通过第 3 章描述的随机序贯模拟方法生成一组参数 m 的实现，并进行迭代优化，直到目标函数达到给定的阈值。

通过使用上一章介绍的地质统计学方法，我们希望在对式 4.1 的求解过程中，再现弹性和声学特性的主要空间连续性模式，以及岩石物理模型，并评估这些模型的不确定性。

4.3.1　地质统计学地震反演的频率域

地质统计学地震反演的一个主要特点是能产生高分辨率的地下地质模型。由于地震记录频带有限，高频率成分不能直接从地震数据中反演，所以与确定性反演得到的模型相比，地质统计学反演的模型中小尺度变化与这些反演模型中存在的更高频率成分相关(图 4.1)。测井数据，具有非常高的垂直分辨率，因此将测井数据整合到地质统计学地震反演方法中，是获得高频模型的另一个来源。确定性方法中，测井数据仅用于估计初始低频模型，与确定性方法不同，地质统计学地震反演方法将测井数据整合到反演过程中，能够确保测井数据在其位置上的准确性(Doyen 2007；Filippova et al.，2011)。

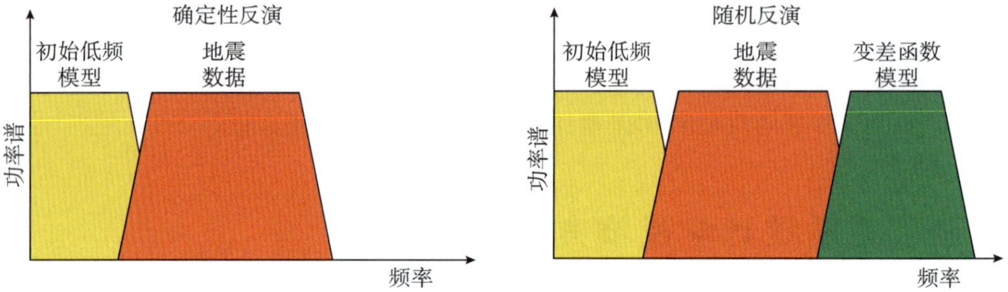

图 4.1　确定性反演和随机反演的模型频带示意图对比。
随机解的高频成分由随机模拟的空间连续性模型提供
(据 Dubrule，2003 改编)

然而，由于地震和测井数据的频率成分差异很大，并不能直接将测井数据整合到反演网格中。标准地震反射数据的最大频率范围约为 75 Hz，而测井数据的频率范围为数百赫兹。频率成分的差异导致数据的采样率不同。为了确保相同的采样率，常用的方法是将测井数据粗化到地震尺度。

将测井数据粗化到地震尺度有许多不同的方法，取决于所做的假设。了解和理解这些方法背后的假设非常重要，因为它会极大地改变原始测井数据。在统计框架中，建议选择一种能够再现原始一阶和二阶统计矩(均值和方差)的方法，这些统计矩由测井数据估计得出。

有时，低频成分由预反演计算的低频模型填补(见第 4.4 节)。这个模型被用作反演过程的约束数据，而该模型通常是经过滤波(频率通常在 0～10 Hz 之间)后，由测井数据进行克里金插值创建的。

4.3.2　逐道地质统计学地震反演方法

第一个地质统计学地震反演方法是由 Bortoli et al. (1992)、Haas and Dubrule(1994)引入。这些作者提出了一种顺序逐道反演方法(图 4.2)，其中每个地震道或 CMP 位置都按照对地震数据体中预定义的随机路径单独访问。在随机路径的每一步中，使用 SGS(见第 3.3 节)模拟一道声阻抗的 N_s 个实现，同时要考虑测井数据和先前访问/模拟的节点。然后，针对每个模拟的波阻抗道，推导出相应的反射系数，与地震子波进行卷积，从而生成 N_s 个合成地震道。将每个合成地震道与记录到的真实地震道进行误差比较。在储层网格中与真实地震道最佳匹配的合成地震道波阻抗实现，作为下一个位置上新的波阻抗道模拟的约束数据(Bortoli et al.，1992；Haas and Dubrule，1994)。

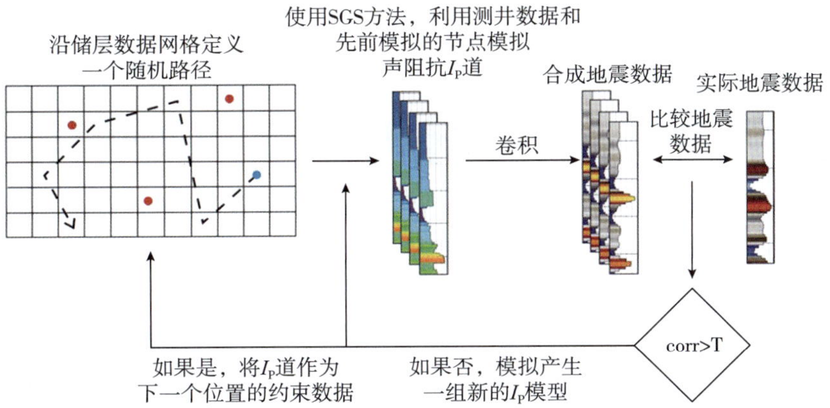

图 4.2　逐道地质统计反演方法的示意图。在第一个位置（蓝色圆圈）上，通过可用的测井数据（红色圆圈）模拟了 N_s 个声波阻抗道。每个模拟道与估计的子波进行卷积，生成 N_s 个合成地震道，然后将其与该位置上的真实地震道进行比较。如果相关系数（*corr*）超过某个阈值（T），则认为该声阻抗道是沿随机路径上该位置的约束数据；否则，将模拟一组新的声阻抗道

与任何随机序贯模拟方法一样，由于每次地质统计学反演运行中随机路径都会变化，因此每个地震道位置的约束数据也会改变，不同的运行会产生不同的反演声阻抗模型，这些模型都能够较好地拟合观测到的地震反射数据。反演模型之间的变化能够评估目标属性的空间不确定性。

逐道随机地震反演方法存在一个主要缺点，即在低信噪比地震资料的区域效果不好。在地震信号质量较差的区域，逐道顺序方法会产生拟合噪音道的反演结果。由于后续步骤中，假设模拟道是“真实”的数据，这可能导致噪声值的扩散。实际上，反演结果不应该适应信号的噪声成分，而只应该适应与真实地下岩相对应的信号成分。噪音区域应被解释为具有高度不确定性的区域且在反演过程中影响力极小。

最新的逐道反演方法试图通过在反演的早期阶段避开噪音区域来克服这个缺点，跳过与地震数据相关性较差的道位置，并在后续反演过程中重新访问这些位置。通过这种方式，可以得到更多与真实地震数据匹配的约束数据（Grijalba - Cuenca and Torres - Verdín，2000）。

4.3.3　全局地质统计学地震反演方法

为了克服这些局限性，Soares et al.（2007）引入了全局随机反演方法，与逐道地质统计学反演方法不同，它在随机序贯模拟阶段使用的是全局方法。这种新型地质统计学反演算法如图 4.3 所示。它是一种迭代的反演方法，使用交叉遗传算法原理作为全局优化技术，而目标函数中模型的扰动则使用直接序贯模拟和协模拟进行（Soares et al.，2007；Caetano，2009）。

在每次迭代中，生成整个储层网格的 N_s 个阻抗模型。该地质统计学反演方法基于两个关键思想：①迭代过程中，使用直接序贯模拟和协模拟作为扰动三维阻抗模型的方法；

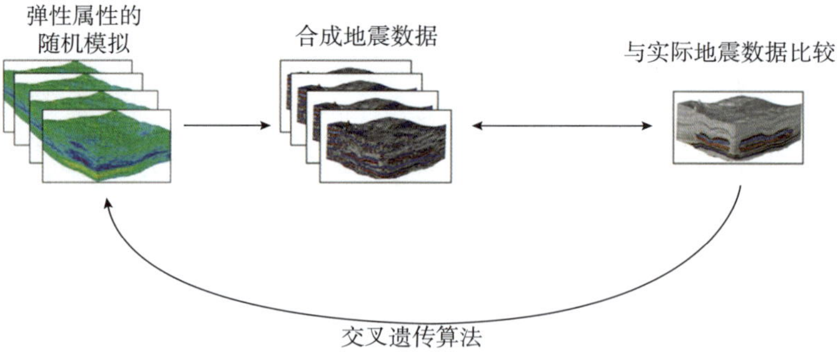

图 4.3 采用全局方法的迭代地质统计学地震反演方法。
首先，模拟 N_s 个弹性模型。从这些模型中得出 N_s 个合成地震数据体。其次，将合成地震数据体逐道与真实地震数据体进行比较。产生与真实地震数据更匹配的弹性道作为下一次迭代新模型的种子

②按照遗传算法优化的顺序，将反演模型收敛到一个目标函数，即反演后的地震道数据与真实地震道数据之间的全局和局部相关系数。不同模拟模型的这些相关系数被用作真实和反演地震反射数据之间的相似性准则，以创建下一代模型。迭代过程会持续进行，直到满足停止准则：通常是真实和反演地震反射数据之间的全局相关系数。

通过这种方法，信噪比低的区域在整个反演过程中仍然与实际情况不匹配：最佳拟合的反演模型对那些信噪比低的区域始终表现出很高的变异性或不确定性。

这种方法被推广应用于弹性参数反演、岩石物理性质的直接反演和地震 AVA 反演，从而构成了本章介绍的方法。

4.3.3.1 使用直接序贯协模拟对地下地质模型进行全局变换

在第 4.3 节介绍的所有反演方法中，直接序贯协模拟对迭代过程中的模型参数空间进行扰动，是一个重要的地质统计学地震反演方法。这种方法的理论背景可以描述如下。

假设我们希望基于 N_i 个具有相同一阶、二阶统计特征的模型 $Z_1(x)$，$Z_2(x)$，…，$Z_{Ni}(x)$(例如，协方差 $C_1(h)$、变差函数 $\gamma_1(h)$和全局直方图 $F_{zt}(z)$)，获得一个转换模型 $Z_t(x)$。我们可以通过直接协模拟，将 $Z_1(x)$，$Z_2(x)$，…，$Z_{Ni}(x)$作为次要变量来获得 $Z_t(x)$(第 3 章)。对 $Z_t(x)$的协克里金估计可以推广到 N_i 个协同变量：

$$Z_t(x_0)^* - m(x_0) = \sum_{\alpha} \lambda_\alpha(x_0)[Z_t(x_\alpha) - m(x_\alpha)] + \sum_{i=1}^{N_i} \lambda_i(x_0)[Z_i(x_0) - m(x_0)] \tag{4.5}$$

由于这些模型的 $\gamma_i(h)(i=1, \cdots, N_i)$和 $\gamma_t(h)$是相同的，应用马尔可夫近似过程(Almeida and Journel，1994)非常合适：协相关性模型完全由 $Z_t(x)$和 $Z_i(x)$之间的相关系数 $\rho_{t,i}(0)$定义。所以，转换后模型 $Z_t(x)$与多个模型 $Z_i(x)$之间的亲和性由相关系数 $\rho_{t,i}(0)$决定。因此，可以选择那些保留所需特征的转换模型 $Z_t(x)$。

4.3.3.2 条件数据的局部屏蔽效应

假设要估计 $Z_t(x_0)$，则在特定模型 $Z_i(x)$中，具有最高相关系数 $\rho_{t,i}(0)$值的 $Z_i(x_0)$，

排除了其他并列值 $Z_j(x_0)(j \neq i)$ 的影响。因此，我们可以只用一个次要变量(在位置 x_0 处具有最高相关系数的数据)来估计 $Z_t(x_0)$：

$$Z_t(x_0)^* - m(x_0) = \sum_\alpha \lambda_\alpha(x_0)[Z_t(x_\alpha) - m(x_\alpha)] + \lambda_i(x_0)[Z_i(x_0) - m(x_0)] \tag{4.6}$$

通过局部筛选效果，N_i 个模型 $Z_i(x)$ 只产生一个次要变量。利用具有最高局部相关系数的单个模型替换 N_i 个模型 $Z_i(x)$。直接序贯协模拟使用局部相关性模型，即局部相关系数。条件化的次要模型现在是先前迭代的 N_i 个模型的最佳部分组合。"种子"图像的组合遵循遗传算法优化的交叉原则，以生成下一次迭代新图像。局部均值(式 4.6)和方差的估计可以使用双元分布的直接协模拟(见第 3 章)实现，将弹性属性转化/模拟为感兴趣的岩石物理属性。

通过使用同位协克里金，我们确保这些辅助模型在生成新模型时，要么具有较强的影响力，要么具有有限的影响力，这取决于先前迭代中合成地震反射数据和实际地震反射数据之间的局部匹配情况。此外，从测井数据中提取出的空间连续性模型、边缘概率分布和联合概率分布将在每个单一阻抗实现中得到确认。

4.3.4　全局地质统计学声学反演

全局随机反演(GSI；Soares et al.，2007；Caetano，2009)可以对叠后地震反射数据反演，得到声阻抗模型。

这种迭代地质统计学方法可以按照以下步骤进行描述(图 4.4)。

1)使用 DSS(见第 3.4 节)一次性为整个地震网格模拟 N_s 个声学阻抗模型，以已有的声学阻抗测井数据为条件，并假设空间连续性模式遵循变差模型。

2)通过计算在上一步中模拟的阻抗模型的法向入射反射系数(RC，式 4.7)来得到 N_s 个合成地震数据体：

$$RC = \frac{I_{P2} - I_{P1}}{I_{P2} + I_{P1}} \tag{4.7}$$

RC 是通过计算上下反射界面之间的声阻抗(I_P)差再除以它们的总和得到的。

3)将这些 RC 与地震数据集估计的的子波进行卷积，以计算合成地震数据体(式 1.1)。

4)将 N_s 个合成地震数据体的每个地震道与相同位置的实际地震道求相关系数。该过程不是对整个地震道进行，而是按层进行(见第 4.3.6 节)。从模拟的 I_P 模型数据中，选取与相应实际地震道具有最高相关系数的声阻抗道，并将其与相关系数的值一起存储在辅助数据体中。

5)这些辅助数据体，包括最好的声阻抗道和相应的局部相关系数，分别用作次要变量和局部区域化模型，用于生成下一次迭代的声阻抗模型。根据声阻抗测井数据，使用直接序贯协模拟(见第 3.4.2 节)建立 N_s 个新的声阻抗模型，并使用最佳的 I_P 数据体作为次要变量和局部相关系数来调节联合模拟。

6)持续执行该迭代过程，当合成地震数据体和真实叠后地震数据体之间的全局相关系数超过一定阈值时停止(Soares et al.，2007)。

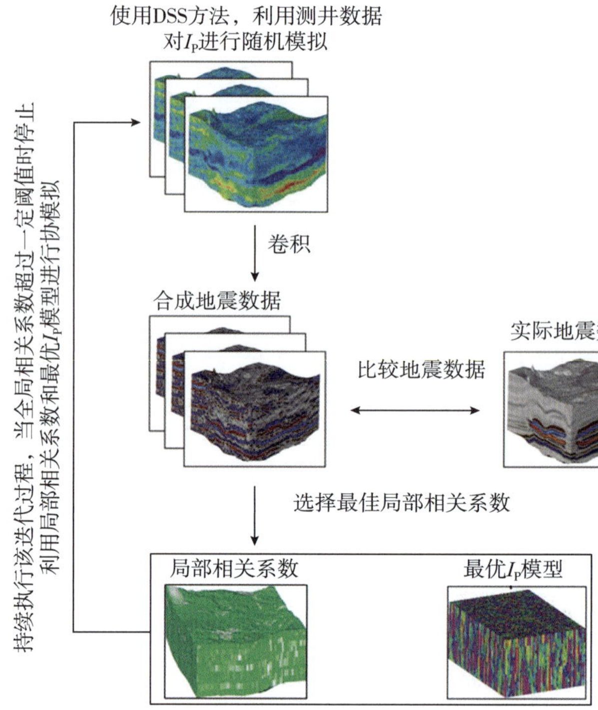

图 4.4　全局随机反演(GSI)方法示意图

GSI 方法根据测井数据估计的分布函数，以及从变差函数得到的空间连续性模型来提取高分辨率的 I_P 模型。该方法已经在不同的地质背景下，不同品质的地震数据上成功测试。

图 4.5 展示了一个合成数据体的应用示例(有关此数据体的详细信息，请参见第 4.3.6 节)。请注意，反演的 I_P 模型分辨率很高，并且与原始 I_P 模型的主要结构匹配得很好。

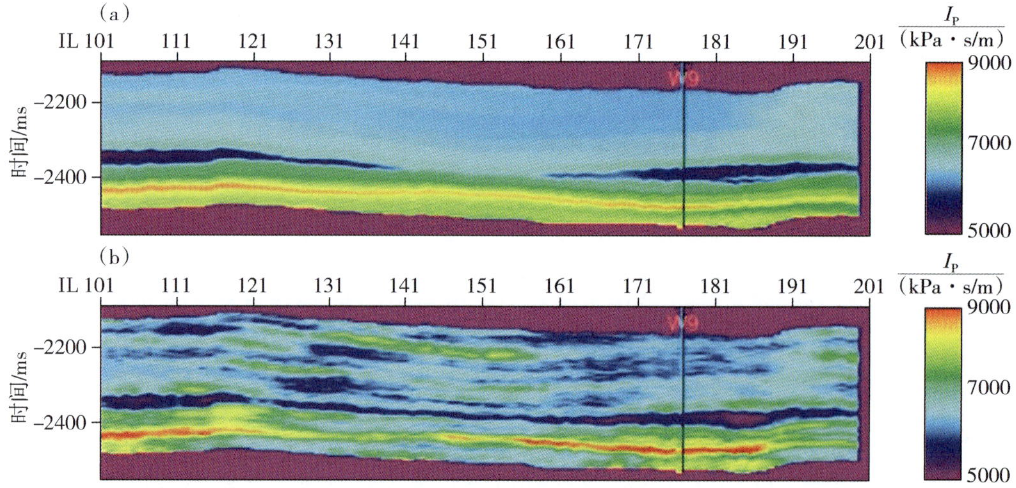

图 4.5　真实 I_P 模型(a)和最佳拟合反演的 I_P 模型(b)的纵剖面对比图

采用全局方法，对于信噪比较低的地震反射数据区域，在整个迭代过程中生成的合成地震数据仍然无法完全匹配。收敛性不足会导致在相同位置得到的 I_P 模型空间不确定性较高。

4.3.5　全局地质统计学弹性反演

GSI 可以扩展为 n 个部分叠加角道集的同时反演，以获得声阻抗和横波阻抗(I_S)模型(Nunes et al.，2012)。扩展该方法的主要目的是通过同时将 n 个部分叠加角道集直接反演为 I_P 和 I_S，整合更多信息以丰富最终的弹性模型。

在大多数情况下，I_P 和 I_S 之间没有简单的线性关系。因此，在这种地质统计学地震反演的模型扰动步骤中，该反演算法利用联合模拟算法(联合概率分布 co－DSS，见第 3.4.3 节)重建从测井数据中获取的 I_P 和 I_S 之间的联合分布。GSI 的主要框架(见第 4.3.4 节)与迭代地质统计学地震反演算法相同：使用随机序贯模拟，即直接序贯模拟 DSS 和联合概率分布 co－DSS 完成模型扰动。在每次迭代的最后，利用遗传算法作为反演过程的全局优化方法，让反演结果和真实部分叠加角道集之间的相关系数达到最大。

全局弹性反演(GEI)方法的主要过程可以简要描述为以下步骤(图 4.6)。

1)从测井数据中生成 I_P 和 I_S 之间的联合分布。

2)模拟 N_s 个声波阻抗模型 I_P，通过 DSS 对空间连续性模式进行条件化，该空间连续性模式仅由声波阻抗测井数据和变差模型揭示。

3)对于每个单独的 I_P 模型，使用概率分布 co－DSS 生成一个新的横波阻抗模型 I_S。对 I_S 和 I_P 进行共同模拟，步骤如下：

a)利用同位协克里金从 I_S 测井数据和先前模拟的 I_S 值估计 $I_S(x_0)$ 的局部均值和方差，I_S 的最佳同位值 $I_S{}^*(x_0)$：

$$I_S(x_0)^* - m_{I_S}(x_0) = \sum_{\alpha} \lambda_\alpha(x_0)[I_S(x_\alpha) - m_{I_S}(x_\alpha)] + \lambda_i(x_0)[I_S{}^*(x_0) - m_{I_S}(x_0)]$$

b)给定同位值 $I_P(x_0)$，从双分布(I_P，I_S)计算 I_S 的概率分布函数：$F(I_S \mid I_P = I_P(x_0))$；

c)以 a)中计算的均值和方差为中心，从条件分布 $F(I_S \mid I_P = I_P(x_0))$ 中抽取 I_S 的模拟值，计算方法参考 Horta and Soares(2010)文献。

此时，I_S 模型是在使用先前模拟的 I_P 模型作为辅助模型的情况下，根据横波阻抗测井数据得到的(图 3.5)。应用这种级联的序贯模拟算法可以复现从测井数据估计得出的声波阻抗和横波阻抗模型之间的联合概率分布。

4)使用 Fatti et al.(1994)提出的拟合式(式 4.8)，从 N_s 对 I_P 和 I_S，以及 N_s 个合成的部分角度叠加剖面，计算对应角度的反射系数数据体：

$$R_{pp}(\theta) \approx \frac{1}{2}(1+\tan^2\theta)\frac{\Delta I_P}{I_P} - 4\left(\frac{I_S}{I_P}\right)^2 \sin^2\theta \frac{\Delta I_S}{I_S} \tag{4.8}$$；

式中：$\Delta I_P = I_{P2} - I_{P1}$；$I_P = \dfrac{I_{P2}+I_{P1}}{2}$；$\Delta I_S = I_{S2} - I_{S1}$；$I_S = \dfrac{I_{S2}+I_{S1}}{2}$。

5)反射系数与相应角度子波卷积生成 N_s 个合成的部分角度叠加剖面。值得注意的是，对于每个单独的部分角度叠加剖面，必须有一个估计的子波，该子波应能代表特定角度范围内的地震信号。

6)在反演网格中的每个 CMP 位置，对于所有合成部分角度叠加剖面，比较该位置上的每个合成道与相应记录道之间的相关系数。从初始的 I_P 和 I_S 模型中，选择那些能够与观测地震道相关性最好的 I_P 和 I_S 阻抗道，并存储在最佳声波阻抗和横波阻抗模型的两个辅助数据体 I_P 和 I_S 中，同时存储相应的局部相关系数。

7)最佳模型和局部相关模型随后在下一次迭代(步骤 3)的协模拟过程中用作次要变量，生成一组新的阻抗模型。

8)当所有 n 个合成的角度叠加剖面和记录的角度叠加剖面之间的平均全局相关系数超过某个阈值时，迭代地质统计学反演过程结束。

这种联合模拟可以复现 I_P 和 I_S 的边缘和联合分布(I_P，I_S)，以及由 I_P 和 I_S 的变差模型揭示的空间连续性模式。

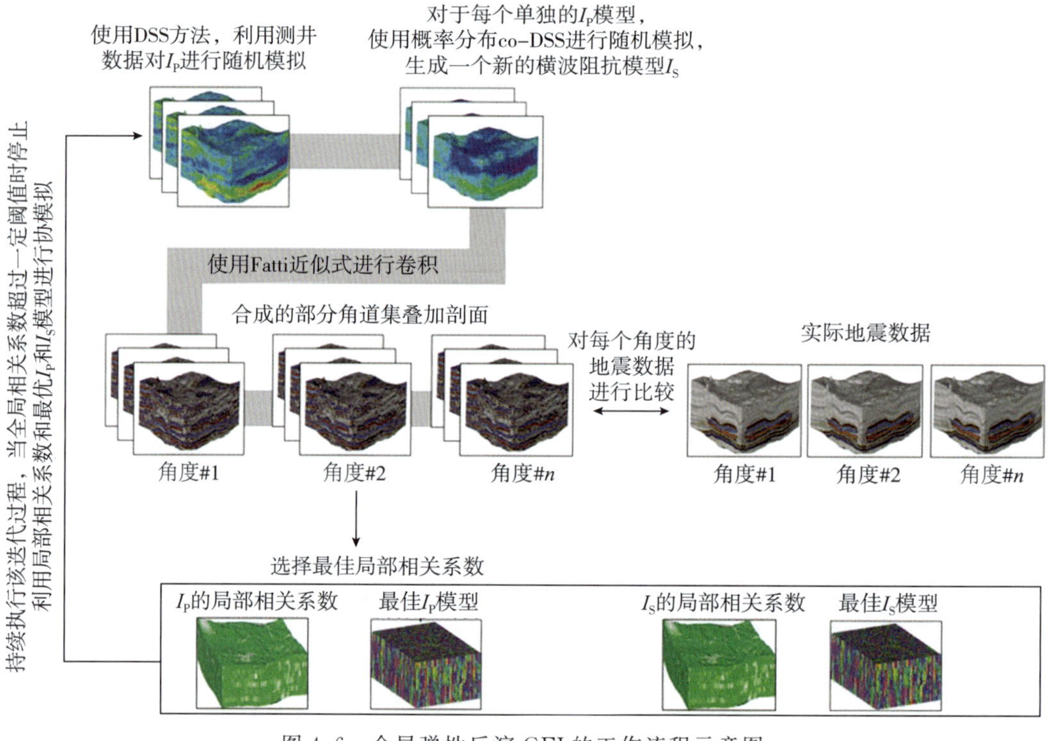

图 4.6　全局弹性反演 GEI 的工作流程示意图

对不同的部分角度叠加剖面进行同时反演，其优势是能够得到相干的弹性阻抗和声波阻抗模型。加入非法向入射的反射信息可以丰富声波阻抗模型。这样可以更好地描述内部储层特性，有利于更好地进行表征和决策。图 4.7 展示了通过所述方法估计的 I_P 和 I_S 模型，并与实际模型进行比较。

与简单声波反演得到的声波阻抗模型(图 4.5)相比，弹性反演得到的横波阻抗模型(图 4.7)在细节上明显提高。通过对不同的部分角度叠加剖面进行同时反演，可以得到更多的弹性模型。

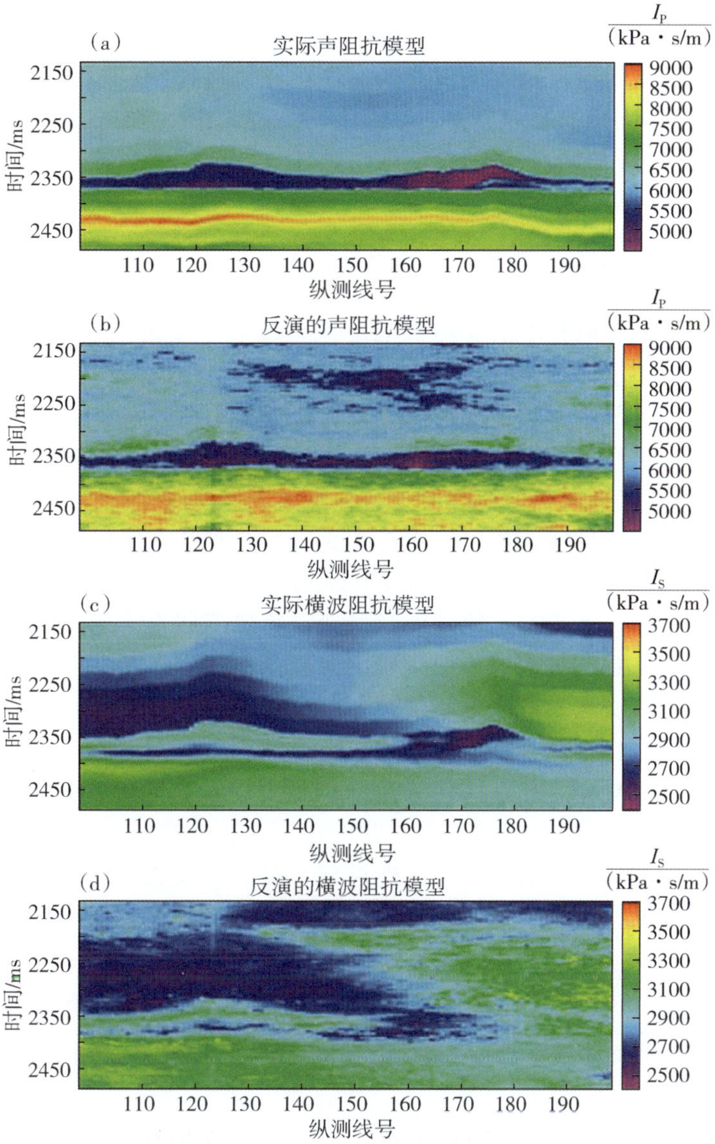

图 4.7 从合成弹性模型中提取的纵剖面与从反演最佳拟合模型中提取的纵剖面之间的比较

(a，b)为 I_P 剖面，(c，d)为 I_S 剖面

4.3.6 地质统计学地震 AVA 反演

在过去的十年中，出现了高信噪比、高覆盖的高质量叠前地震数据，促进了地震叠前数据在地震储层表征的使用，即便在早期勘探阶段中。与仅从叠后地震反射数据导出的储层模型相比，高质量叠前地震数据可以提供更可靠、更确定的储层模型。通过解释振幅随偏移距的变化(AVO)或随入射角度的变化(AVA；Castagna and Backus 1993；Avseth et al.，2005)，可以得到更好的地下描述。使用叠前地震数据很重要，因为它可以推断密

度、P 波和 S 波速度模型，而不是传统的声阻抗模型。获得密度和速度模型可以更好地区分岩相和流体相，计算地下地质的固有属性，比如动态模量(Avseth et al.，2005)。

针对叠前地震数据的随机地震反演方法通常被称为地震 AVA 反演，基于不同的假设和框架(Mallick，1999；Ma，2002；Buland and More，2003；Contreras et al.，2005)提出了很多方法。在这里，我们介绍地质统计学地震 AVA 反演(Azevedo et al.，2013)，依赖的框架与第 4.3.3 节中介绍的迭代地质统计学地震反演算法相同。

值得注意的是，成功进行叠前地震数据反演，需要做一些重要的地震处理工作(Buland and Omre 2003；Morris et al.，2011)：尽可能地去除从地下弹性模型直接模拟的多次反射；应用的多次波衰减技术需要尽可能地保留地震数据的原始相对振幅；CMP 道集还应在地震速度分析后进行正常时差(NMO)校正。此外，在叠前偏移后，CMP 道集应进行剩余 NMO 校正。这两个 NMO 校正在地震处理过程中至关重要，因为它们需要保证待反演道集的平直性。最后，通过射线追踪，使用传统速度分析得出的预计算速度模型，将 CMP 道集转换为角度道集域。角度道集中的每个道应该对应于一个单一的反射角度。

作为全局地质统计学反演，密度、P 波速度和 S 波速度等模型参数的扰动是通过 DSS (Soares，2001；Horta and Soares，2010)进行的。

目标函数迭代收敛，基于交叉原理的全局遗传算法返回真实地震数据和反演地震数据之间的全局最大相关系数。每次迭代中，模型参数空间通过弹性参数更新，以确保反演的叠前合成地震数据和真实地震数据之间的最佳匹配。最佳弹性道可以视为当前迭代中的最佳基因，也是下一次迭代过程中新的弹性模型生成的“种子”。

地质统计学地震 AVA 反演可以总结为三个主要阶段：对要反演的属性(密度、P 波速度和 S 波速度)的弹性模型进行随机序贯联合模拟；正演模拟和观测与反演地震数据的误差评估；选择条件数据以生成下一组弹性模型，在下一次迭代中使用(图 4.8)。

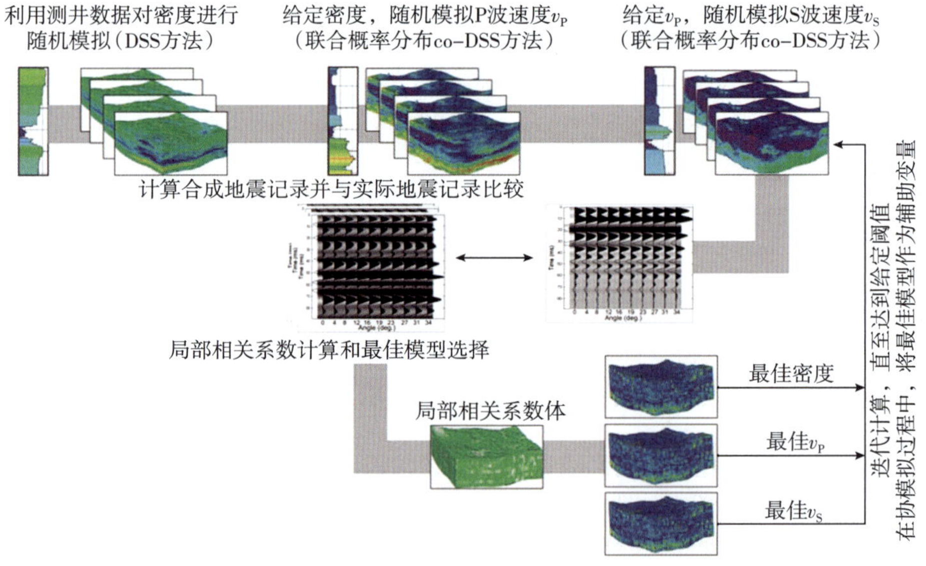

图 4.8　迭代地质统计学地震 AVA 反演方法示意图

4.3.6.1　生成密度、P 波和 S 波速度模型

随机序贯模拟阶段采用级联方式进行弹性模型的模拟。首先同时对整个地震网格进行 N_s 个密度模型的模拟，然后协模拟出 N_s 个 P 波速度模型，再从中协模拟出 N_s 个 S 波速度模型。对每个属性的模拟和协模拟的顺序如下：密度是第一个模拟的弹性属性，因为它具有较高不确定性，并且其对地震反射数据的贡献较小。实际上，与密度相关的地震反射数据成分较低，主要与远角度接收到的信号有关(Avseth et al.，2005)。此外，密度是最均匀的空间变量，因此最适合首先生成。然后再利用随机序贯协模拟生成 v_P 和 v_S。

在第一次迭代中，仅对测井数据进行 DSS 模拟，生成一组密度模型，以确保在模拟模型集合中具有很高的变异性。变异水平取决于用井数量与反演网格大小之比。然后，对每个模拟的密度模型，使用测井数据作为调节数据，通过联合概率分布 co－DSS(见第 3.4.3 节)协模拟出 N_s 个 P 波速度模型。这个过程能够重新产生原始测井数据估计的密度和 P 波速度之间的双分布。

为了完成迭代反演过程的第一阶段，对于每个模拟出的 P 波速度模型，协模拟出 N_s 个 S 波速度模型，使用的是相应的 P 波速度模型和测井数据。最后一组速度模型使用联合概率分布 co－DSS 进行模拟，复现从测井数据估计得到的两种速度之间的双分布。

值得注意的是，在迭代反演过程的最后，通过复现 v_P、v_S 和密度的联合分布，可以在反演的弹性模型集合中区分出先前从原始测井数据中识别出的岩相和流体相。除了对这些岩相和流体相的空间解释外，随机方法还可以评估每个相的空间不确定性。

4.3.6.2　正演模拟

在模拟了 N_s 个弹性模型(密度、v_P 和 v_S)之后，计算一系列合成的叠前地震数据体。根据 Shuey(1985)的三项近似式计算角度反射系数 $RC(R_{pp}(\theta))$：

$$R_{pp}(\theta) \approx R(0) + G\sin^2\theta + F(\tan^2\theta \quad \sin^2\theta) \tag{4.9}$$

其中，法向入射情况下的反射系数 $R(0)$ 定义为：

$$R(0) = \frac{1}{2}\left(\frac{\Delta v_P}{v_P} + \frac{\Delta\rho}{\rho}\right)$$

以及反射系数随角度的变化率，即 AVO 梯度 G：

$$G = R(0) - \frac{\Delta\rho}{\rho}\left(\frac{1}{2} + \frac{2\Delta {v_S}^2}{{v_S}^2}\right) - \frac{4{v_S}^2}{{v_P}^2}\frac{\Delta v_S}{v_S}$$

以及 F，远角度处(反射角大于 30°)的反射系数定义为：

$$F = \frac{1}{2}\frac{\Delta v_P}{v_P}$$

每个弹性属性在反射界面两侧定义如下：

$$\Delta v_P = v_{P2} - v_{P1}，\quad v_P = \frac{v_{P2} + v_{P1}}{2}$$

$$\Delta v_S = v_{S2} - v_{S1}，\quad v_S = \frac{v_{S2} + v_{S1}}{2}$$

$$\Delta\rho = \rho 2 - \rho 1,\ \rho = \frac{\rho 2 + \rho 1}{2}$$

在地质统计学反演方法中使用 Shuey 的线性近似式，能够直接获取 AVO 的法向入射系数 $R(0)$ 和梯度 G 的数据体（Rutherford and Williams，1989；Avseth et al.，2005；Castagna and Backus，1993）。将不确定性从反演问题直接传递到反演的 AVO 数据体中，可以更好地对振幅异常进行风险评估，而这些振幅异常可能与实际的油气聚集有关。然而，重要的是，要注意可以使用其他 AVO 近似式来计算角度反射系数。

4.3.6.3 误差评估和优化

每个角度道由 n 个地震道组成，与反射角度数目相等。针对每个特定入射角度（θ；图 4.9），将 N_s 个角度反射系数与估计的角度子波进行卷积，得到 N_s 个合成的角道集。

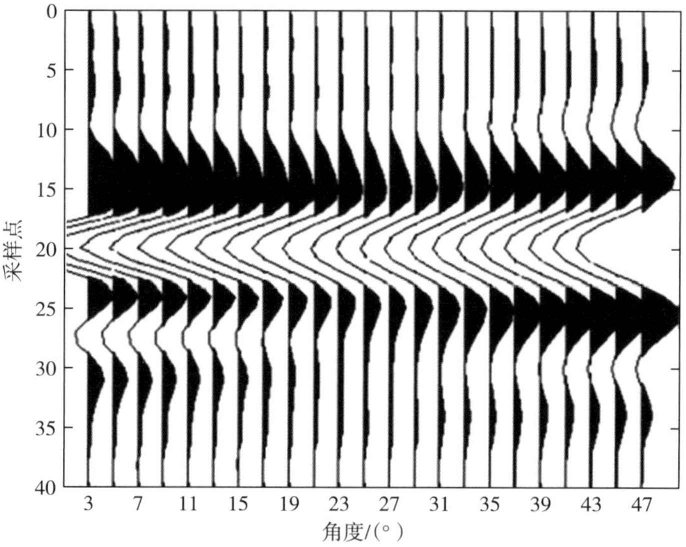

图 4.9　23 个角度子波示例。在地质统计学地震 AVA 反演过程中，角度子波和角度反射系数 $RC(R_{pp}(\theta))$ 进行卷积

正演模拟完成后，将得到的 N_s 个合成的角道集与相应的真实角道集进行相关性比较。相关性比较是在每个角道集中逐道进行的，以评估合成地震道与真实地震道之间的局部误差。

合成地震道和观测地震道之间的相关系数是在局部计算的，即将实际地震数据体和合成地震数据体分为多个水平层（图 4.10）。在每个层内，计算真实和合成地震反射数据之间的相关系数。如果在反演过程的第一阶段使用较少数量的模拟弹性模型，这种分层方法可以获得更高的局部相关系数。

然后，将得到的相关系数存储在由局部相关道组成的新数据体中（图 4.11）。对所有层以及由 N_s 个模拟弹性模型生成的 N_s 个合成地震数据体应用这个过程。观测和合成叠前地震数据之间比较的最终输出是 N_s 个局部相关道集（图 4.11）。

图 4.10 在迭代地质统计学地震 AVA 方法中，将地震数据体水平分割成随机数量且垂直尺寸可变的水平层。分层操作在每次迭代的开始时进行

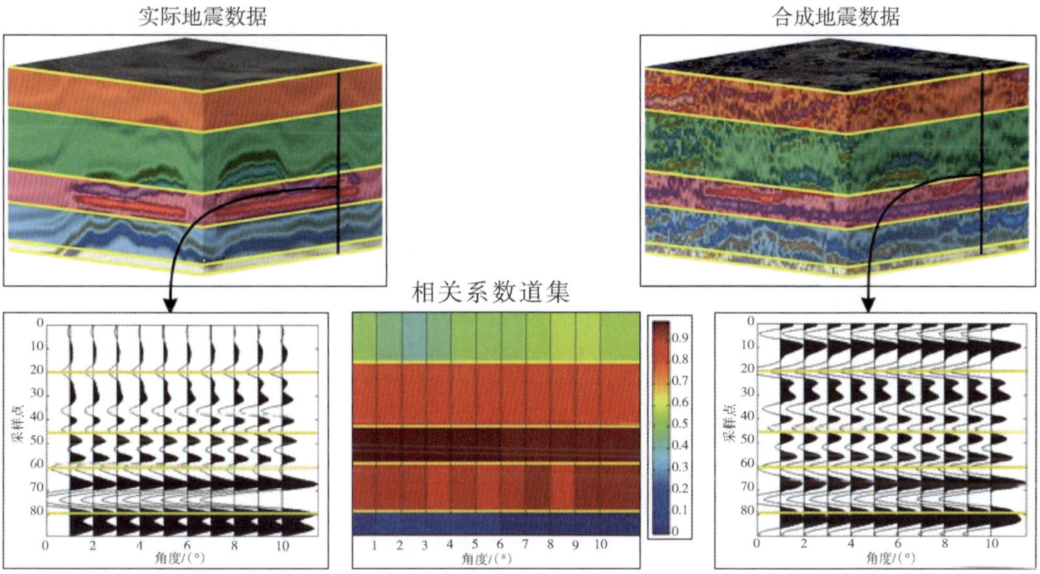

图 4.11 合成和实际叠前地震数据之间比较过程的示意图。对于地震数据体的所有位置，每个合成角道集的每个地震道部分与相应层的真实地震道进行互相关。得到的局部相关系数创建了相关道，构成了一个新的相关系数数据体

误差评估完成后，生成条件数据，以约束下一次迭代中新一组弹性模型的协模拟(图 4.8)。这一步包括选择和生成最佳的密度、P 波速度和 S 波速度模型，以及相应的最佳的局部相关数据体。利用全局优化算法——遗传算法，对得到的局部相关系数进行优化，得到反演的收敛解。

4.3.6.4 多元目标函数

在每次迭代结束时，最佳弹性模型由密度、P 波速度和 S 波速度模型在当前迭代模拟的弹性道组成，同时生成与真实地震数据体相关性最好的合成地震反射数据。选择这组弹

性道并不是一件简单的事情，因为在同一层中所有角度的相关系数并不相同(图 4.11)。让我们用反射角度 θ 表示相关系数 r：$r(\theta_i)(i=1, \cdots, N_s)$。所选的最佳弹性道应该同时确保所有角度的最高相关性。

如果我们对所有的 $r(\theta_i)$值进行线性回归(图 4.12)，最佳模拟的弹性道应该保证回归最平坦(回归斜率 s 为零)，具有最高的截距值(p)和最小的最小二乘偏差值(LS)。式 4.10 给出了一个全局误差度量值 r，对于给定的层，它涉及所有的 N_s 个局部相关系数：

$$\text{最佳弹性道} = w_1 s + w_2 p + w_3 LS \tag{4.10}$$

其中 w_1，w_2，w_3 是用户定义的权重，可以根据地震数据质量而变化。例如，如果远角度具有较低的信噪比，则可以增加截距值的权重 w_2。

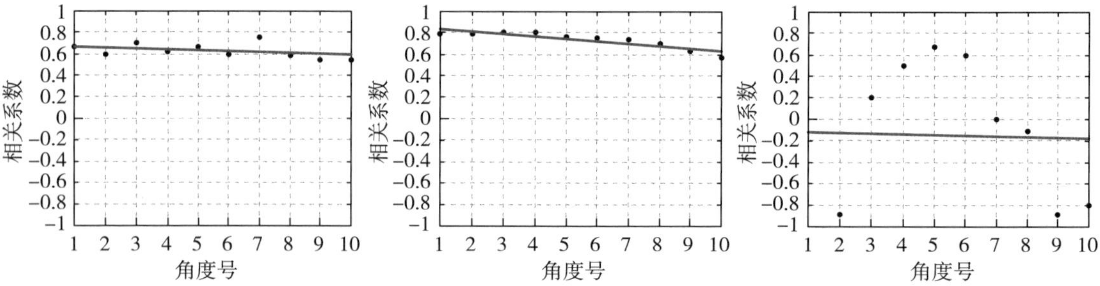

图 4.12　相同的空间位置上，给定层的三个不同角道集实现的相关系数(黑色圆点)，及线性回归拟合(绿色线)。产生左图相关系数的弹性模型被选为下一代模型的约束数据，因为其确保了所有角度同时具有最高相关系数

最佳弹性道决定了应该选择当次迭代相应的 v_P、v_S 和密度。这是遗传优化算法的原理。因此，对于指定的层，同时对所有 n 个角度，能够产生最相关的合成叠前地震反射数据的密度、P 波速度和 S 波速度模型，将存储在新的数据体中，称为最佳密度、P 波速度和 S 波速度模型(图 4.13)。同时，该地震道的加权相关系数也存储在了三个不同的最佳相关系数数据体中，分别对应密度、P 波速度和 S 波速度(图 4.14)。

然后，每一对最佳弹性和局部相关立方体作为次要变量，用于下一次迭代所创建弹性属性的随机序贯协模拟。通过最佳弹性模型的演化过程，我们能够评估迭代地质统计学方法的效果(图 4.15)。第一次迭代结束时，得到的最佳模型具有斑块效应(图 4.15(a))，因为它是由包含第一次模拟集中不同实现的弹性道构建而成的。随着迭代过程的收敛，得到的最佳弹性阻抗趋向于一种空间连续性模式，向反演解的方向发展(图 4.15)。

当整个合成叠前地震数据体与真实叠前地震数据体之间的全局相关系数达到预定义值时，迭代过程终止。

总结起来，地质统计学地震 AVA 反演方法可以描述为以下步骤：

1)利用测井数据和 DSS 算法，随机序贯模拟 N_s 个密度模型。

2)在先前模拟的 N_s 个密度模型的基础上，利用联合分布 co－DSS 算法，协模拟 N_s 个 P 波速度模型。

3)在先前模拟的 N_s 个 P 波速度模型的基础上，利用联合分布 co－DSS 算法，随机序贯协模拟出 N_s 个 S 波速度模型。

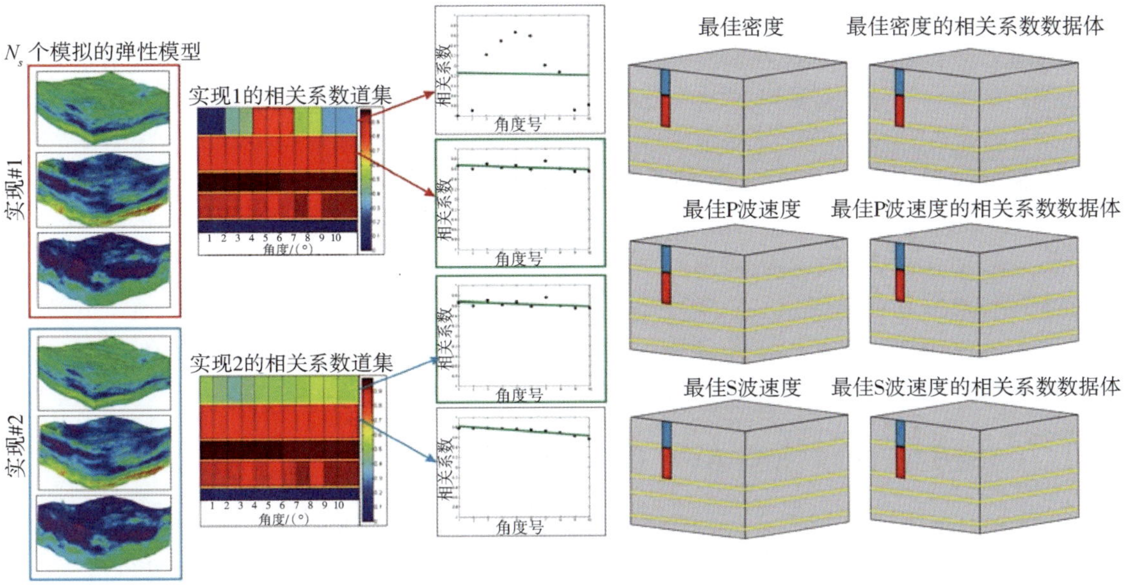

图 4.13　每次迭代结束时计算最佳密度、P 波速度和 S 波速度模型以及相应的局部相关立方体的过程示意图

这些立方体将作为次要变量在下一次迭代的弹性模型的协模拟中使用。选自实现 1 的道被标为红色，选自实现 2 的道被标为蓝色

图 4.14　局部相关模型的演化过程示例

(a)迭代 1 次后的局部相关性模型；(b)迭代 2 次后的局部相关性模型；(c)迭代 6 次后的局部相关性模型

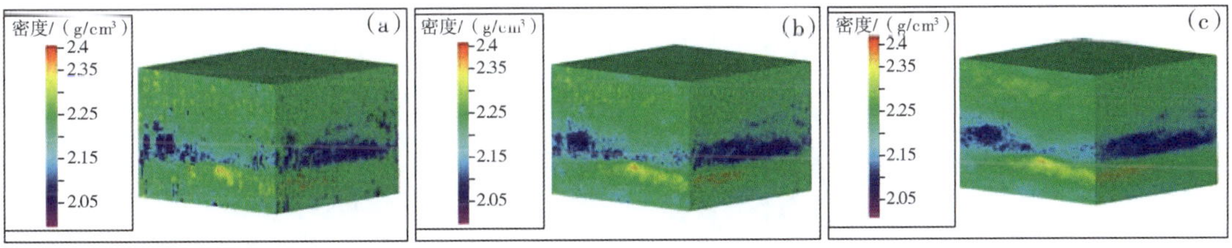

图 4.15　最佳密度模型的演化过程示例

(a)迭代 1 次后的最佳模型；(b)迭代 2 次后的最佳模型；(c)迭代 5 次后的最佳模型。注意，在迭代过程中，迭代 1 中模型的斑块效应随着迭代次数增加发生衰减

4)使用 Shuey 线性近似公式(式 4.9)，利用模拟的三元组(密度、P 波速度、S 波速度)生成 N_s 个叠前地震数据立方体。这样，AVO 的 $R(0)$ 和 G 立方体就成为反演解的一部分。

5)逐道比较每个合成角道集与相应的真实角道集。

6)在地震网格中的每个位置创建 N_s 个局部相关系数道集。

7)基于遗传算法，选择在真实和合成地震反射数据之间的相关系数立方体中具有较高相关值的区域，用于构建最佳的密度、P 波速度和 S 波速度模型，然后将其用作下一次迭代期间弹性模型协模拟的次要变量。

8)循环执行步骤 1)到 7)，直到达到匹配标准，即原始叠前地震反射数据与合成数据之间的全局相关系数最大。

由于模型扰动是基于随机顺序模拟的，迭代过程中模拟的所有弹性模型都可以复现以下内容：根据测井数据估计的密度与 P 波速度的联合概率分布及其边缘概率分布，P 波速度与 S 波速度之间的联合概率分布及其边缘概率分布，每个属性在井位置上的值，以及通过变差函数模型揭示的密度、v_P 和 v_S 的空间连续性模型。

4.3.7 地质统计学地震 AVA 反演应用实例

本节利用一个小型的 3D 合成数据集，说明本章介绍的不同地质统计学反演方法。该合成数据集是为解决真实大西洋深水浊积岩田区面临的挑战而创建的。数据集包括 32 口井的密度、纵波和横波速度记录；无噪声的 10 个叠前地震角道集数据，角度范围在 0°～34°之间(图 4.16)，以及整个研究区域的 3D 密度、纵波和横波速度模型。还包括一个与角度子波，以生成合成角道集数据(图 4.17)。在 i、j 和 k 方向上分别为 101×101×90 个网格单元(图 4.18)。每个单元的垂直尺寸等于地震数据的采样率(4 ms)。为了复现复杂的真实油藏特性，测井数据是根据类似的混积岩油田构建的。32 口井中，只有 15 口井用作迭代地质统计学叠前地震反演的约束条件数据。剩下的 17 口井被排除在约束条件数据之外，仅用于进行局部盲测，以评估反演方法的性能(图 4.18)。

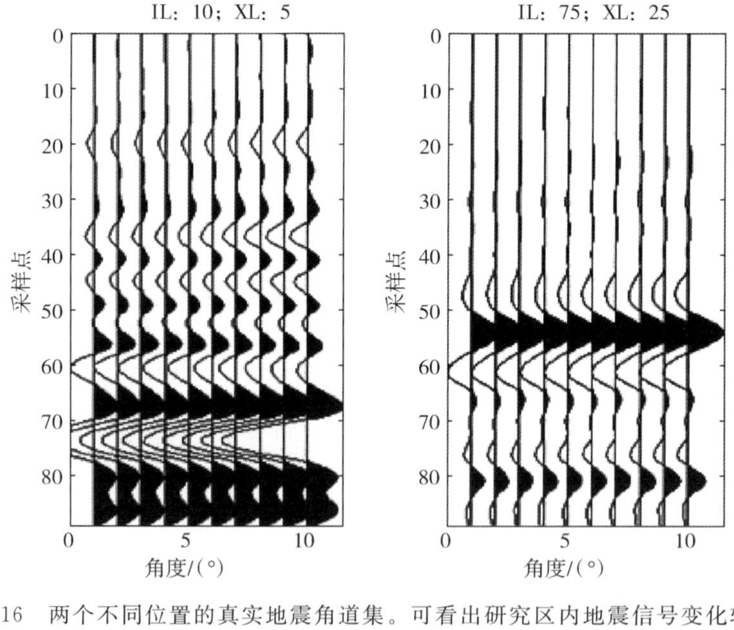

图 4.16 两个不同位置的真实地震角道集。可看出研究区内地震信号变化较大。通常而言，储层远角度处的振幅会变大

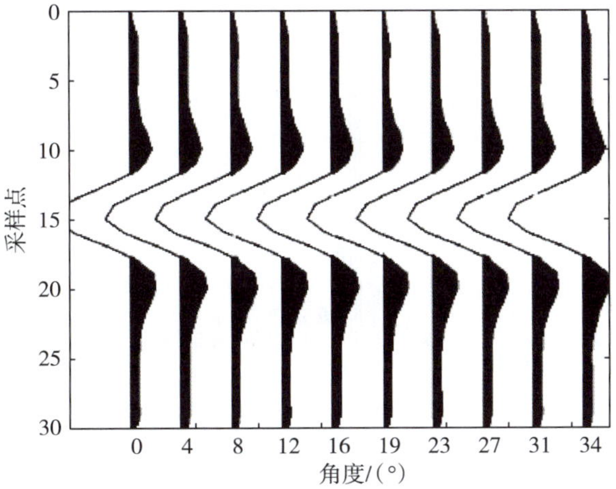

图 4.17　用于创建叠前合成地震数据和反演过程的合成角度子波

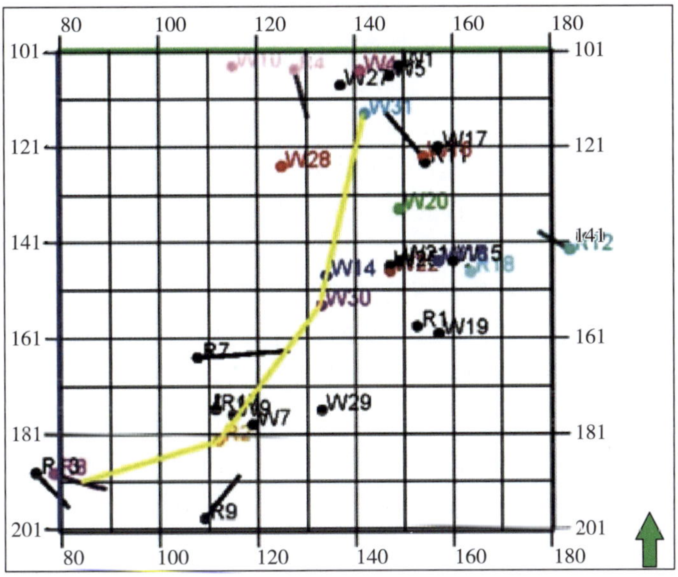

图 4.18　地震网格中的井组及其位置

彩色井用于约束地质统计学反演，而黑色填充井仅用作盲测；黄线表示垂向的南北剖面的位置，用于将反演结果与真实模型进行比较

从现在开始，为了更好地与反演过程中的数据区分，该合成数据将被称为真实数据：真实叠前地震数据和真实地下弹性模型。

由于地震和测井数据之间的垂直尺度差异，并且为了尽可能让合成示例贴近实际情况。在反演之前，测井数据被粗化到储集网格中。这种粗化要确保从原始测井数据中估计出的主要统计量(均值、方差和极值)能够复现(图 4.19)。

通过叠前地震数据，还计算了四个部分角度叠加数据，分别是 0°～10°、10°～20°、20°～30°和 30°～40°(图 4.20)。对部分角度叠加剖面的解释，可以更好地评估研究区域内

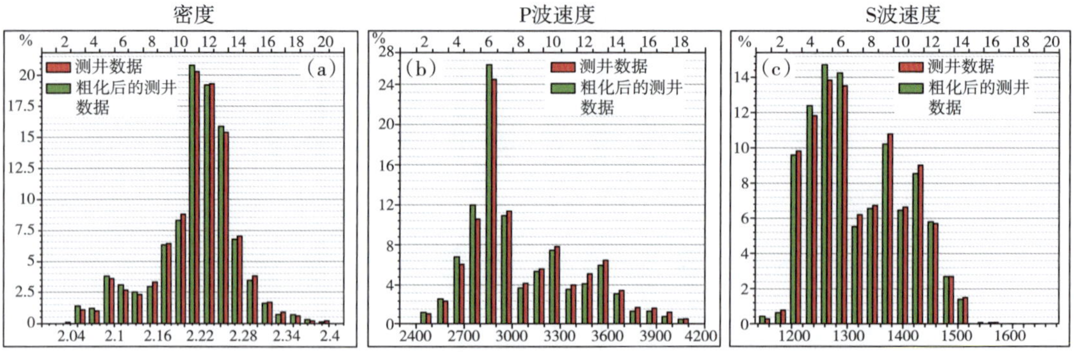

图 4.19　原始测井数据和粗化至储集网格后测井数据的直方图比较

(a)密度；(b)P 波速度；(c)S 波速度。在粗化过程中，主要统计量(均值和方差)得以保留

沉积结构的空间复杂性和变异性(图 4.20)。在这些数据体中，储层由两个强烈的地震反射同相轴限定(在 2350～2450 ms 之间，图 4.21)，分别对应于油藏的顶部和底部。该储层是一个大致南北走向的浊积河道。这种复杂性和非均质性在真实的密度、纵波和横波速度模型中可以很容易地识别出来(图 4.21)。它们展示了重要的大尺度和小尺度特征。为了可靠地对油藏进行地震表征，反演模型中这些变化的复现非常重要。油藏区域是密度较低的薄层，具有较低的纵波和横波速度值(图 4.21)。还需要强调的是，一些有趣的局部特征，应该在反演的弹性模型中进行复现，例如 2000 ms 附近的低纵波速度层以及 R2 井附近的高横波速度区域(图 4.21)。

与真实数据集一样，井的位置并不是随机分布在研究区域内(图 4.18)。实际上，大多数井位于油藏区域或富含砂岩的区域。井的位置直接导致了弹性属性(密度、纵波和横波速度)边缘分布的偏差。这些分布是从测井数据中估计出来的，与从整个真实的三维弹性模型中估计出来的分布进行比较(图 4.22)。从条件井中估计出的分布很难再现从整个三维弹性模型中估计出来的每个岩相的最大值、最小值或所占比例。

密度与 P 波速度之间的联合分布以及 P 波速度与 S 波速度之间的联合分布是复杂的(图 4.23)。很重要的是，对于可靠的油藏表征，这些关系需要在反演弹性模型之间得到复现。联合概率分布直接序贯协模拟(Horta and Soares 2010)方法能够复现主要变量和次要变量之间的概率分布。

4.3.7.1　弹性参数的空间连续性模式

弹性参数的空间连续性模式是通过水平和垂直方向估计的变差函数模型来确定的(图 4.24)。实验的变差函数仅使用深时转换后的测井数据计算而得，以约束反演过程。一方面，由于井数较少且井位之间的距离较大，几乎无法获得水平方向的实验变差函数。因此，选择了全方位变差函数的水平分量来模拟每个属性的水平空间连续性。另一方面，由于测井数据提供的样本数量较大，垂直方向的变差函数易于计算。两个方向均采用了具有单一结构的球形变差函数模型(图 4.24)。这些变差函数被用于地质统计学反演过程中的序贯模拟算法。

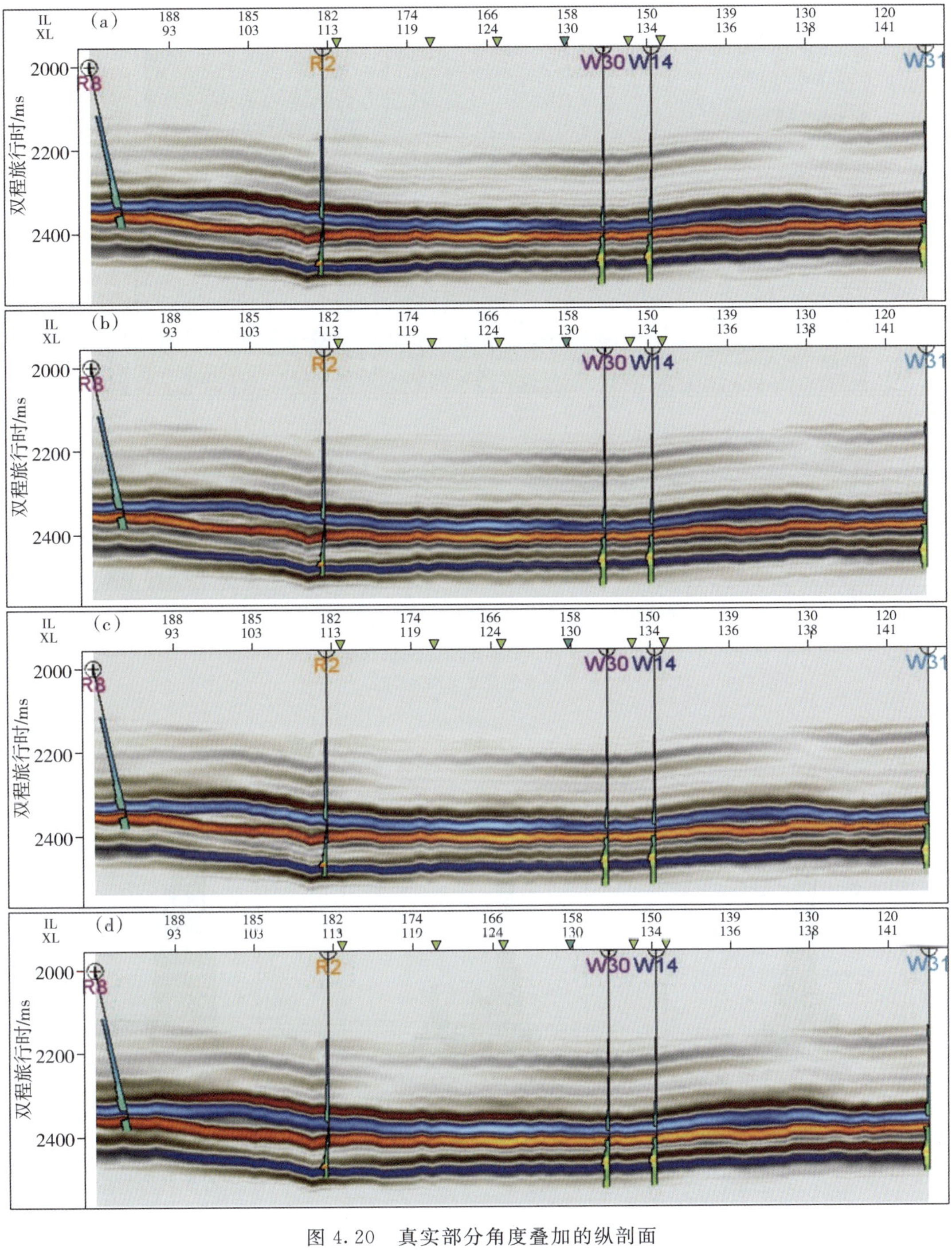

图 4.20　真实部分角度叠加的纵剖面

(a)0°～10°；(b)10°～20°；(c)20°～30°；(d)30°～40°

地震纵剖面的位置如图 4.18 所示。在井位上显示了 P 波速度测井曲线。

在 2350～2450 ms 之间的主要地震反射分别代表油藏的顶部和底部

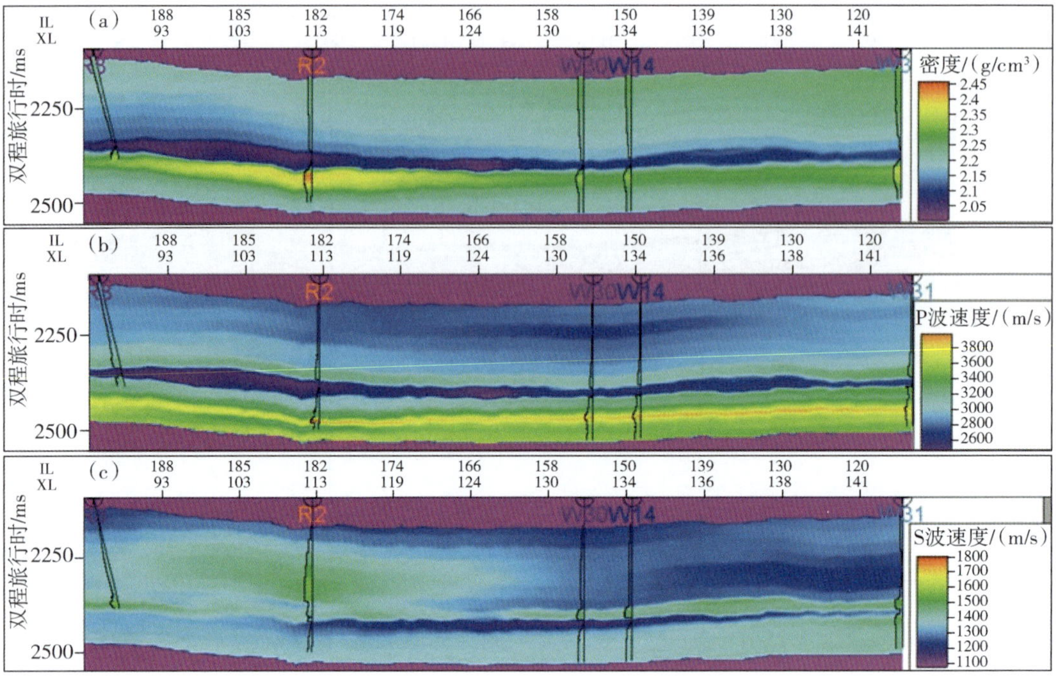

图 4.21 真实弹性模型的南北向纵剖面图

(a)密度；(b)纵波速度模型；(c)横波速度模型

纵剖面的位置见图 4.18

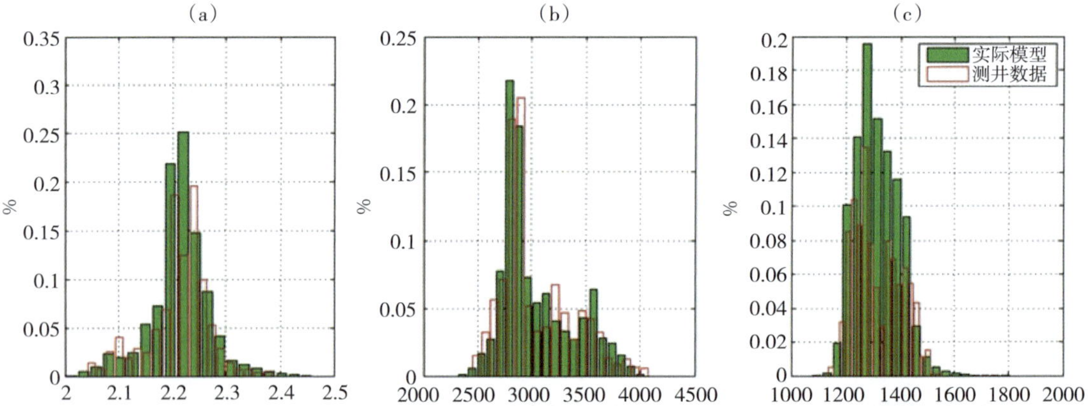

图 4.22 真实岩石弹性模型估计的边缘分布与条件井中估计的分布进行比较

(a)密度；(b)P 波速度；(c)S 波速度。显然，测井数据并不能完美地复现原始分布

总体而言，所有属性的空间连续性模式非常相似。由于真实密度、P 波速度和 S 波速度模型中，分属不同区域，水平变差函数未达到基台值(从实验数据估计的方差)。这些区域对应油藏本身、其上覆盖层和下伏地层。分区带现象表明，我们试图建模的弹性属性在整个研究区域内是各向异性和非平稳的空间分布。分区各向异性变差函数(Goovaerts,

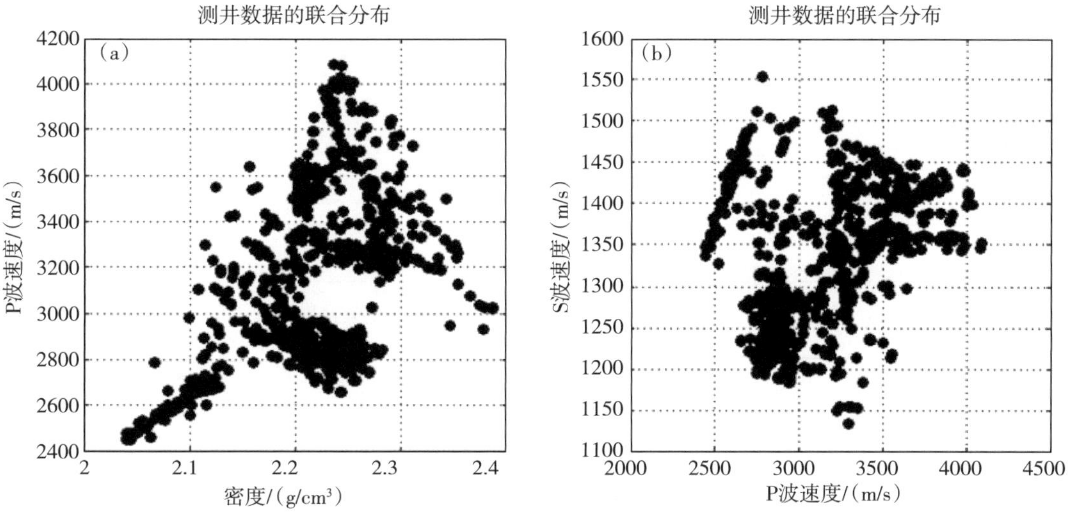

图 4.23 测井数据的联合分布

(a)密度对 P 波速度；(b)P 波速度对 S 波速度

1997)可以很方便地对这些属性的自然分布进行建模。所有三个弹性属性遵循相同的空间连续性模式。模拟变差函数在水平方向上的覆盖范围约为 20 个网格单元，而在垂直方向上的覆盖范围为 20～25 个网格单元。

4.3.7.2 地质统计学地震 AVA 反演：结果

根据第 4.3.6 节中描述的 AVA 反演过程，可以采用如下的弹性参数的模拟步骤：首先，通过随机序贯模拟生成密度；然后，在密度的约束下，进行 P 波速度的协模拟；最后，在 P 波速度的预模拟值的约束下，进行 S 波速度的协模拟。经过六次迭代，反演过程收敛，合成反演地震和真实地震体之间的最终全局相关系数达到 0.75(图 4.25)。在最后 ·次迭代期间，所有模拟的弹性模型产生的合成地震数据与真实地震反射数据相比具有非常相似的相关系数。在每次迭代中，使用 32 个密度、P 波和 S 波速度模型，使用 DSS 和联合概率分布 co－DSS 依次进行模拟。通常在这种地质统计学地震反演过程中，合成地震数据与油藏区域的真实地震数据之间的全局相关系数较高。而存在差异的主要原因与子波估计的方式有关。通常，子波应该只代表油藏顶部和底部之间的地震数据。此外，卷积模型仅在合成的反射系数 *RC* 与半子波卷积后才有效。因此，在定义反演网格的垂直间隔时，最好在油藏的顶部和底部界面上加上半个波形的大小。在这些额外区域中，真实地震和合成地震反射数据之间的相关系数始终较小，而感兴趣区域的相关系数则为最大。

实际地震数据和合成地震数据之间进行逐道比较可以生成局部相关立方体(图 4.26)，对该立方体进行解释，可以评估反演方法的收敛性。通过解释局部相关立方体，可以确定反演地震反射数据未能收敛且相关系数较低的局部区域。这些区域通常信噪比较低，因而导致反演的弹性模型与这些区域不匹配，或者在这些区域中，估计的子波不代表观测的地震数据。

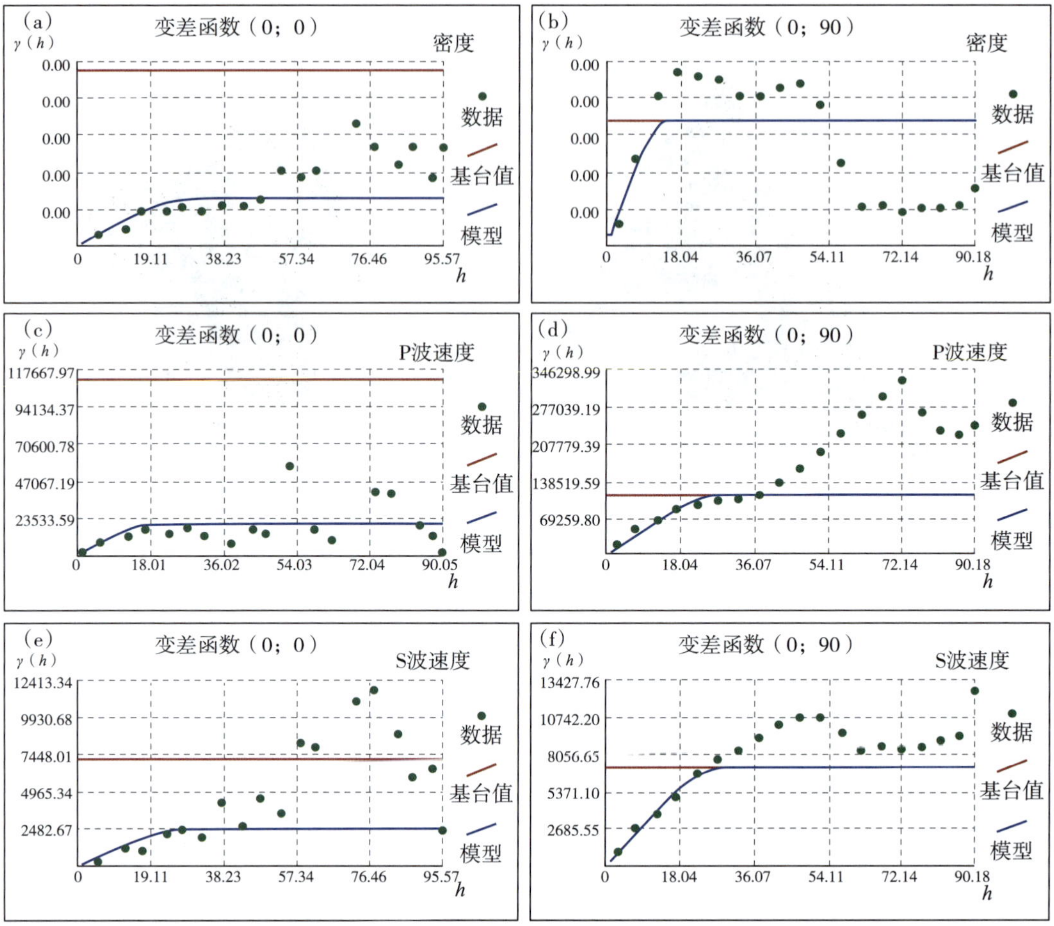

图 4.24 全方位(a，c，e)和垂直方向(b，d，f)的实验变差函数(绿色圆点)和模拟的变差函数(蓝色线)

(a，b)密度；(c，d)P 波速度；(e，f)S 波速度。这些变差函数是仅使用井数据计算得出的

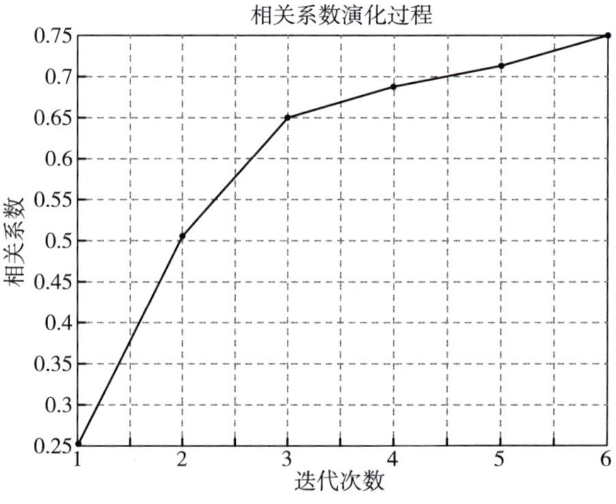

图 4.25 地质统计学地震 AVA 反演实例中，每次迭代结束时的相关系数

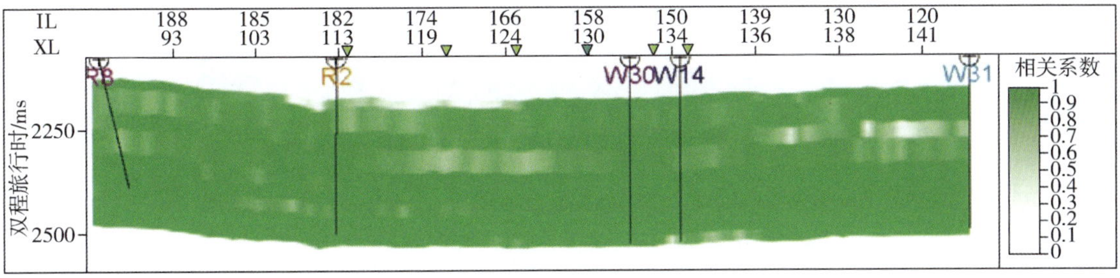

图 4.26 提取自局部相关立方体的纵剖面

位置见图 4.18

最佳拟合的合成叠前地震数据与真实叠前数据非常匹配(图 4.27)。合成的叠前地震数据不仅能够复现主要反射的位置，更重要的是，能够复现振幅随偏移距或角度变化的情况。请注意，最后一次迭代产生的所有模型都能够生成与真实地震数据相关性非常好的合成地震数据。均值模型(由最后一次迭代期间生成的所有模型的平均值)能够复现从真实弹性模型中解读出的小尺度和大尺度细节(图 4.28)。特别需要注意的是，对于三个反演属性，油藏和盖层区域(大约在 2500 ms 处)在数值和连续性方面同时得以复现。

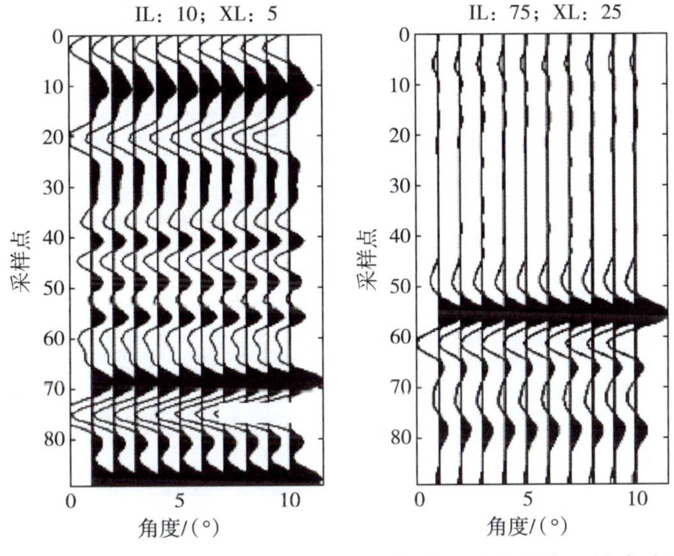

图 4.27 在迭代反演过程结束时，提取的合成地震角道集。该合成角道集的位置与图 4.16 中显示的真实叠前数据位置相同。在主要反射和振幅随偏移距变化方面，真实和合成的道集之间匹配很好

可以清楚地看到，最好恢复的弹性属性是 P 波速度。平均 P 波速度模型能够相当连续地复现储层区域，与真实 P 波速度模型的储层解释相符。此外，高 P 波速度的盖层在 P 波速度均值模型中也非常清晰。真实模型和反演均值模型之间最不匹配的地方是那些受测井数据约束较少且位于储层顶部以上的区域。在 W30 和 W14 附近约 2250 ms 处出现的低 P 波速度异常也存在于反演模型中，但与真实模型相比空间分布性更广。

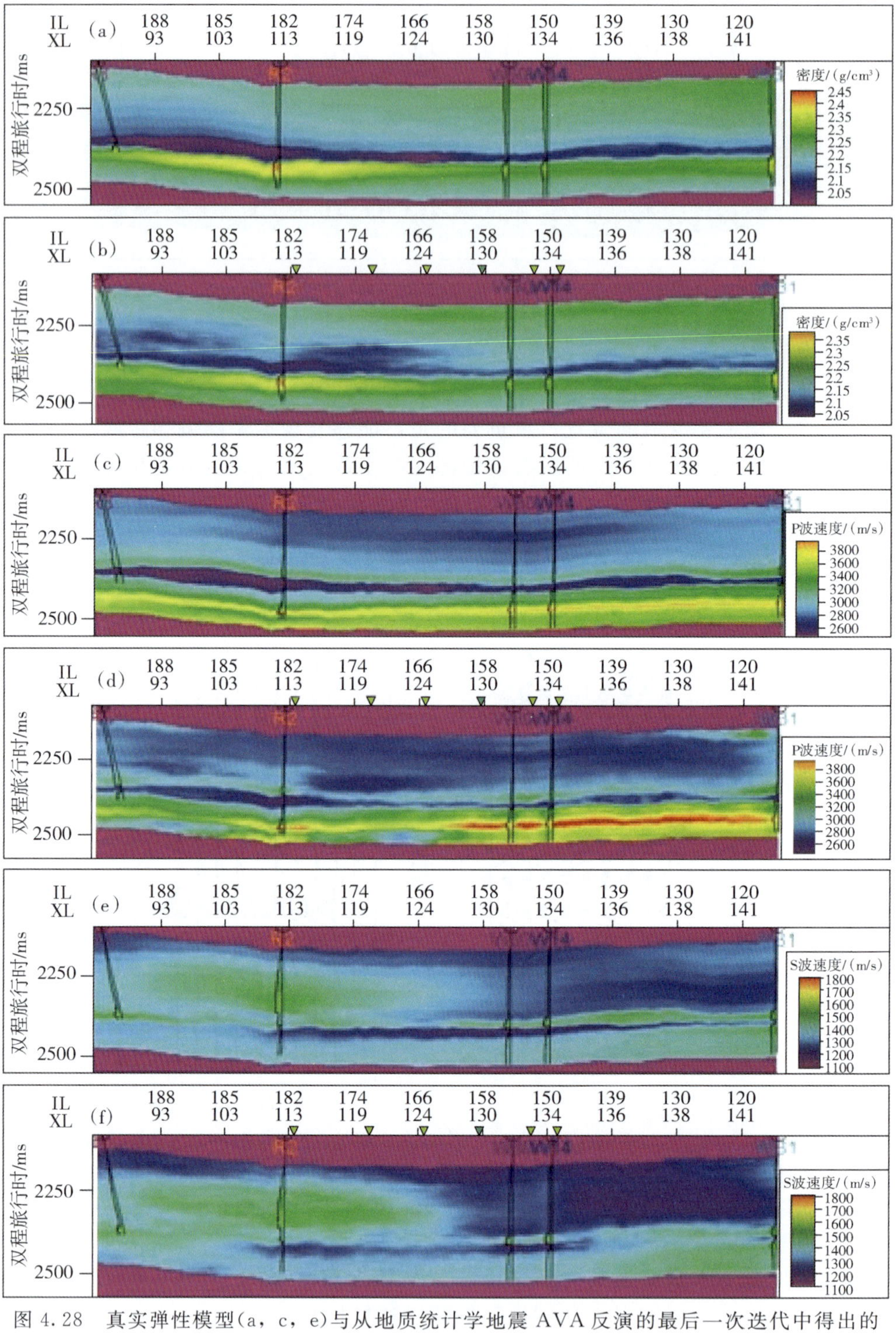

图 4.28　真实弹性模型(a，c，e)与从地质统计学地震 AVA 反演的最后一次迭代中得出的均值模型(b，d，f)进行比较

(a，b)密度；(c，d)P 波速度；(e，f)S 波速度模型。反演的模型受测井数据约束，并且在其位置上符合测井数据。反演得到的均值模型与真实弹性模型非常匹配。有关剖面位置，请参见图 4.18

密度均值模型与真实密度模型也非常匹配。对于储层区域和储层下伏地层，原始模型的再现尤其有趣。此外，反演均值模型也体现了目标特征的空间范围和连续性。

此外，在最后一次迭代中模拟得到的 S 波速度模型的平均值成功复现了真实 S 波速度模型的主要特征。如果考虑目标区的大尺度结构(例如，围绕 R2 井的高 S 波速度区域)，反演模型和真实模型之间的匹配是合理的。然而，在反演的 S 波速度模型中小尺度细节很难解释。储层区域出现了更加不连续的情况，储层底部以下的低 S 波速度层也是如此。

值得注意的是，图 4.28 中反演的均值模型再现了原始弹性属性的空间分布，并同时能够复现目标区域内的值及其相对变化。小尺度细节对于储层表征的可靠性而言尤为重要，这些细节在储层区域以及储层下面的地层得到了很好的恢复。

在迭代地质统计学反演过程中，所有模拟的模型都能对弹性属性复现：位于其位置上的测井数据的值(图 4.28)；由测井约束数据估计的密度、P 波速度和 S 波速度的联合分布和边缘分布(图 4.29，图 4.30)；序贯模拟过程中由变差函数模型(图 4.31)施加的每个属性的空间连续性。

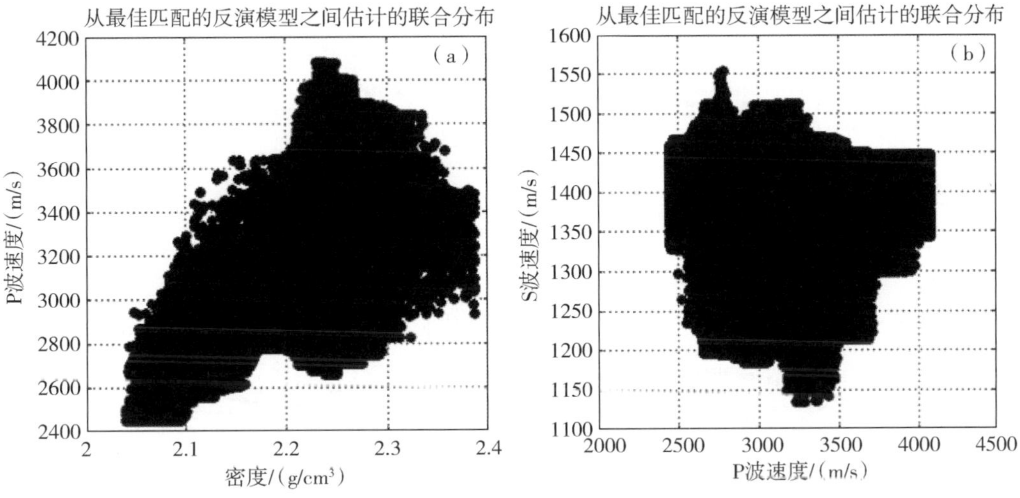

图 4.29 从最佳匹配的反演模型之间估计的联合分布：(a)密度与 P 波速度；(b)P 波速度与 S 波速度。它们能够复现仅基于测井数据估计的联合分布(图 4.23)

为了评估反演模型的局部收敛性，一种常见的方法是在特定位置对这些模型进行测试，与未用作约束数据的井("盲井"；图 4.18)进行比较。图 4.32 展示了对 W19 和 W29 井进行的比较：真实模型(以黑色实线表示)和在最后一次迭代中模拟的所有弹性模型计算得出的均值模型(以红色虚线显示)。反演的弹性模型在整个连井剖面上匹配得很好。这两口井远离其余约束数据，因此被选为"盲井"测试。

使用地质统计框架解决地震反演问题的另一个优势是其能够单独评估每个反演属性的空间不确定性。可以通过解释合成和真实地震道形成的局部相关性立方体(图 4.26)，或者通过计算最后一次迭代生成的反演弹性模型之间的方差来评估空间不确定性(图 4.33)。在得到的方差模型中，高方差区域意味着模型参数的不确定性更大，而低方差区域则不确定性相对较小。空间

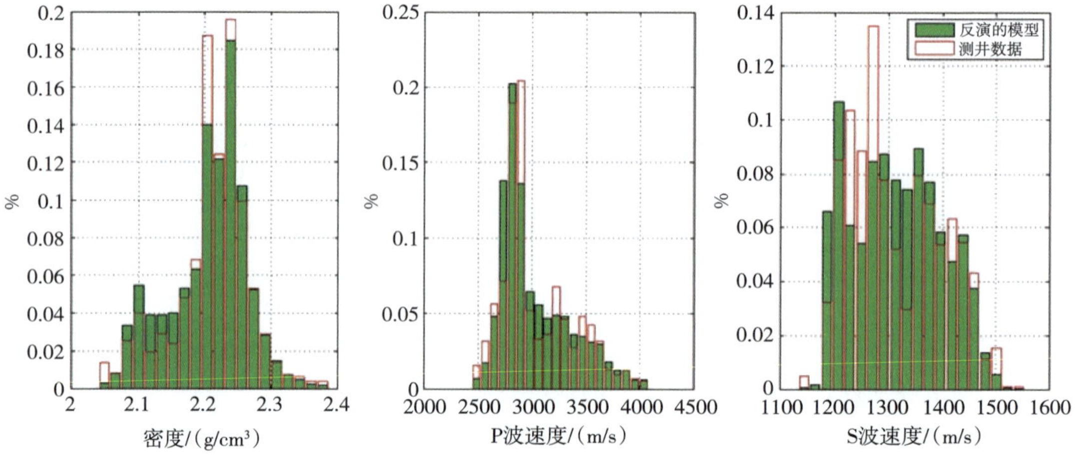

图 4.30 从测井数据估计的密度、P 波速度和 S 波速度的边缘分布(红色)与从最佳匹配的反演弹性模型中获取的边缘分布进行比较(绿色条形图)

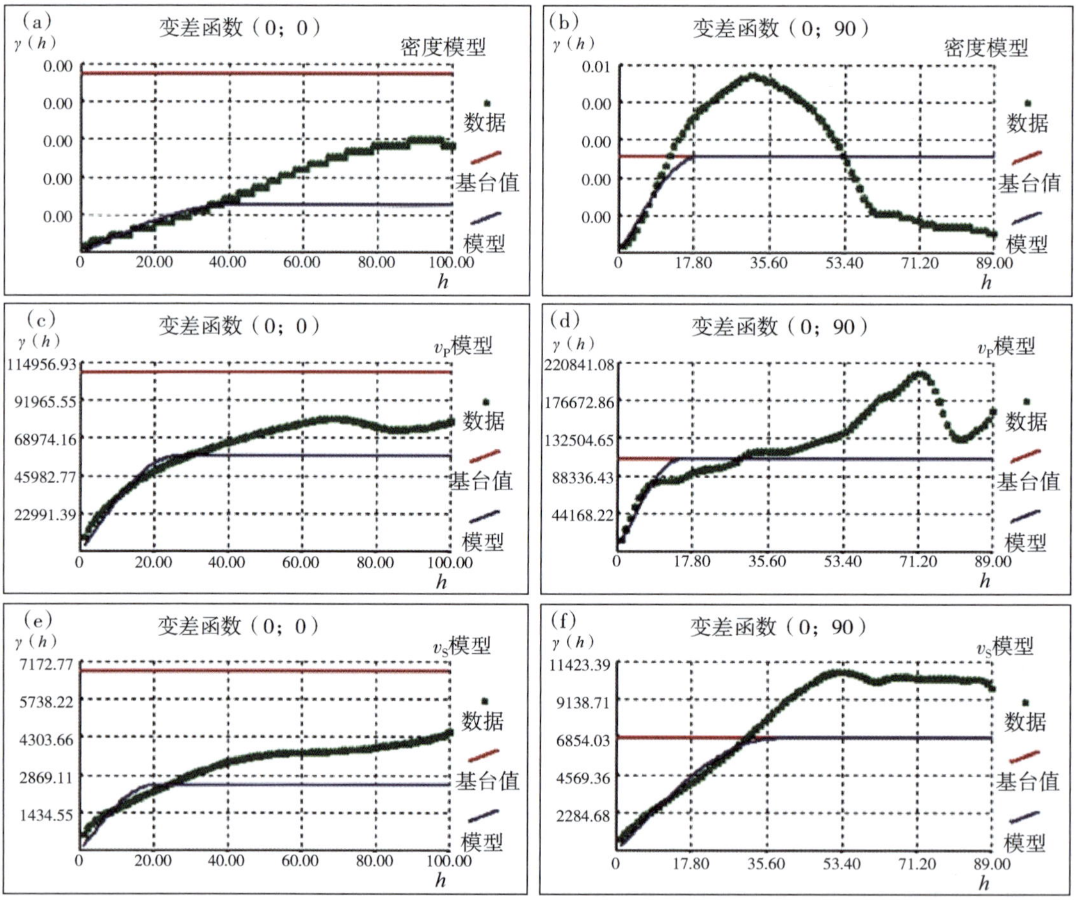

图 4.31 在全方位(a, c, e)和垂直方向(b, d, f)的实验数据(绿色圆圈)和模拟的变差函数模型(蓝线)
(a, b)密度;(c, d)P 波速度;(e, f)S 波速度。这些变差函数模型是在最佳匹配的反演模型的网格上计算得出的(与图 4.24 进行比较)

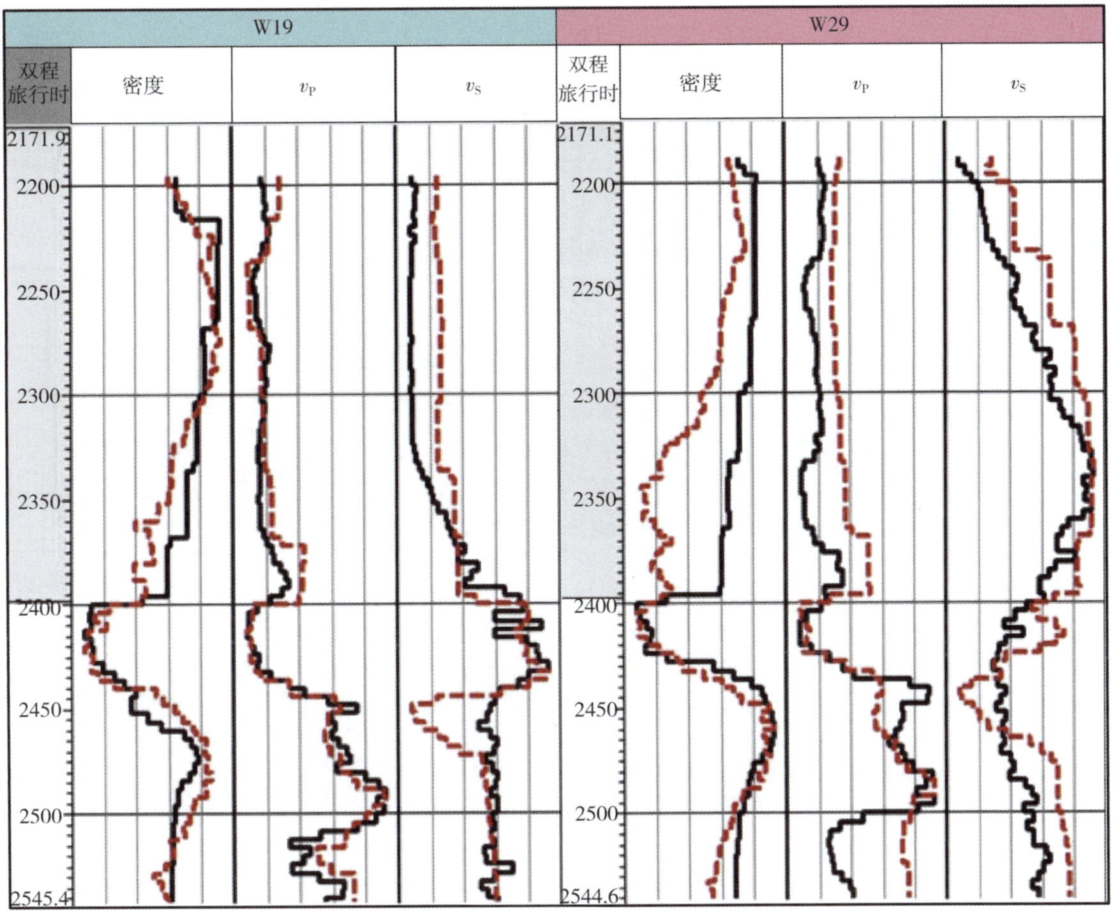

图 4.32　W19 井和 W29 井的“盲井”测试(位置见图 4.18)

在这些位置上，反演模型(红色虚线)与真实模型(黑色实线)非常匹配。尤其是在 2400～2450 ms 的储层区域内，拟合效果非常好。从左到右依次是密度、P 波速度和 S 波速度

不确定性可能是储层内部属性的变异性(如地质不连续性、断层)或对储层的认识不足所导致的，比如缺乏数据或数据不可靠(如信噪比低的地震反射数据)。对于缺乏数据的情况，可以生成几个模型参数方案，并对这些方案进行敏感性分析，以评估空间不确定性。在这些区域内，会有多个弹性模型都能产生符合真实地震反射数据的合成地震数据。较高的方差值通常表示观测到的地震数据信噪比较低。该方法不会强制匹配噪声道。即使反演过程结束时，这些区域的弹性模型仍具有较大的变异性，产生的合成地震数据无法与真实数据匹配。

在上一节的案例研究中，计算的最后一次迭代期间模拟的弹性模型之间的方差如图 4.33 所示。P 波速度是较低方差或较低空间不确定性的属性，而 S 波速度是不确定性较高的反演属性。反演模型间的较大变异性主要位于模型的南部，因为其约束数据较少。作为一种地震 AVA 反演方法，我们还对 Shuey(1985)定义的 AVO 法向入射反射系数 $R(0)$ 和 AVO 梯度 G 进行反演。利用所提出的方法，可以根据每组模拟的密度、P 波速度和 S 波速度模型直接得出这些 AVO 属性，这些属性本身就是反演解的一部分。

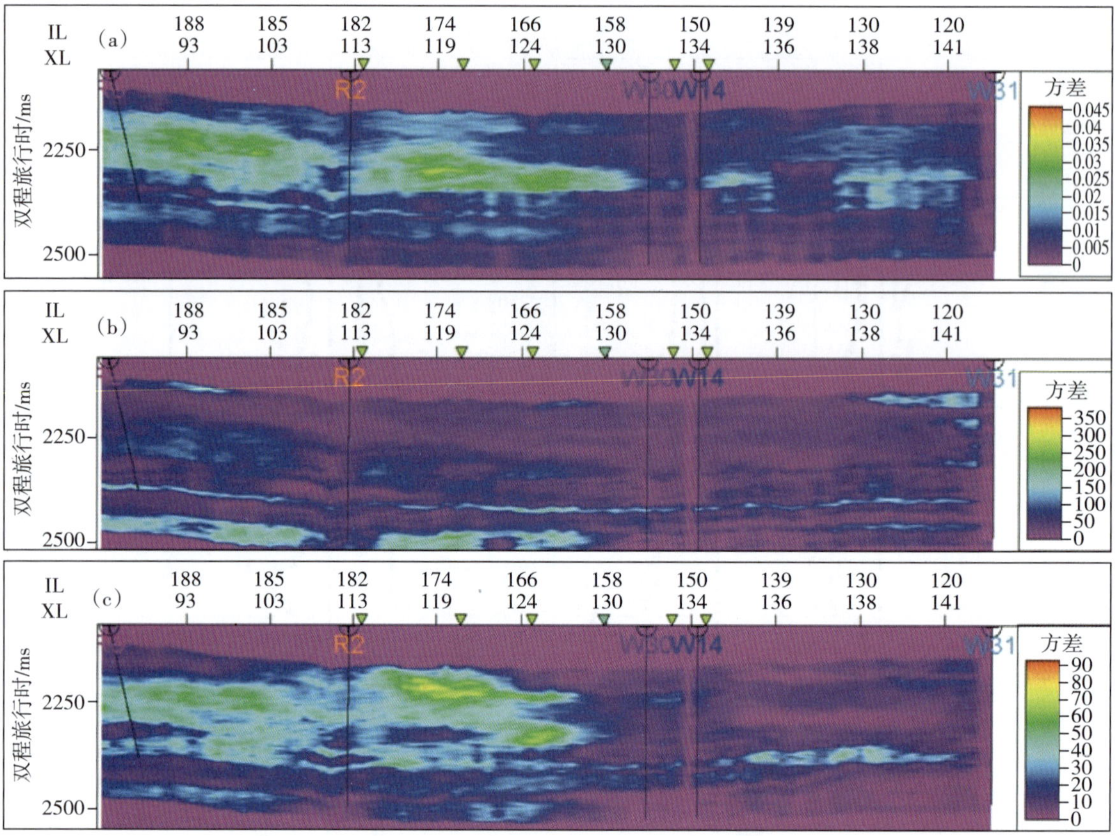

图 4.33 最后一次迭代得到的模拟模型计算得出的方差数据体，从中抽取的纵剖面

(a)密度模型；(b)P 波速度模型；(c)S 波速度模型。剖面图位置参见图 4.18

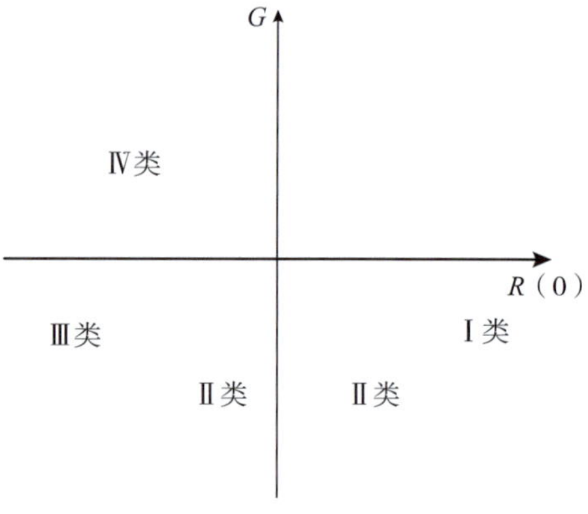

图 4.34 AVO 正入射 $R(0)$与 AVO 梯度 G 的交会图及 AVO 异常类别

通常在 $R(0)$与 G 的交会图中进行 AVO 异常的解释(图 4.34)。在交会图中，AVO 异常可以按类型分类，并具有地质解释意义(Rutherford and Williams，1989；Castagna and Backus，1993；Avseth et al.，2005)。AVO 响应在交会图上的分类最早由 Rutherford and Williams (1989)引入，他们提出了三种类别。Castagna and Swan(1997)将其发展成为四类。Ⅰ类 AVO 异常处于由 $R(0)$和 G 所定义区域的第四象限，通常代表储层比盖层的阻抗高而 v_P/v_S 低。Ⅱ类 AVO 异常通常代表砂体和原始地震反射数据中的暗点。它们被绘制在第四和第三象限。Ⅲ类 AVO 异常是典型的含烃的软砂岩异常，与亮点有关，并绘制在第三象限中。最后，Ⅳ类 AVO 异常很少见，与充满气体的软砂岩及硬页岩盖层有关。它们被绘制在 $R(0)$与 G 交会图的第二象限(Avseth et al.，2005)。

为了评估地质统计学 AVO 反演方法的性能，从真实三维弹性模型计算出了一个 AVO 类别立方体。将该立方体与由地质统计学 AVO 反演的均值弹性模型创建的 AVO 分类立方体进行比较(图 4.35)。反演得到的 AVO 立方体能够复现主要 AVO 异常的空间分布范围；但是，在反演的 AVO 类别立方体中，IV 类 AVO 异常似乎呈现不足。请注意，该立方体也是反问题的一部分，受到测井和地震反射数据的制约。

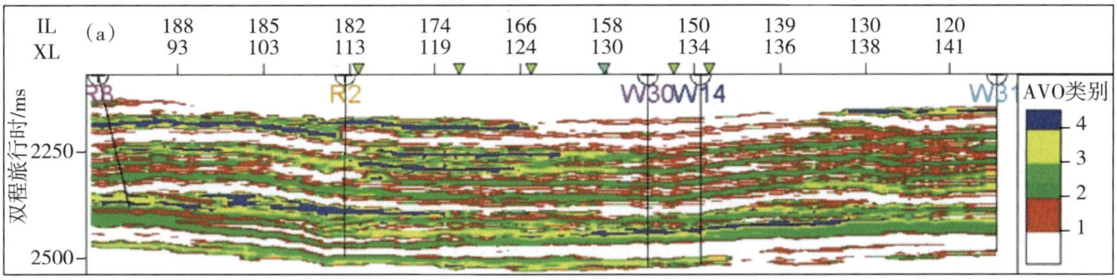

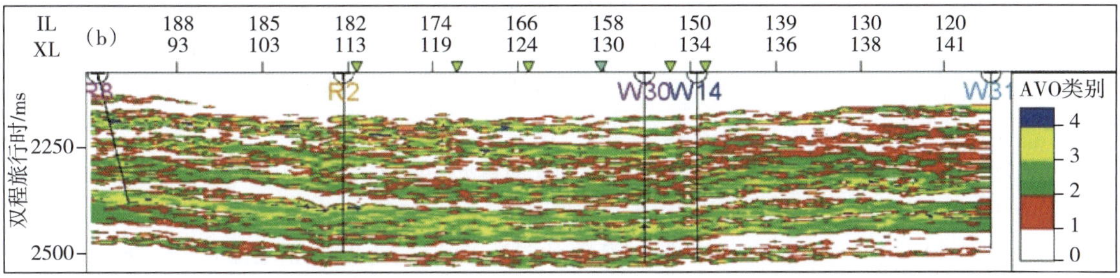

图 4.35 提取的纵剖面比较：真实 AVO 类别立方体(a)；最后一次迭代中模拟的平均弹性模型生成的 AVO 类别立方体(b)。剖面位置见图 4.18

还可以评估特定空间位置的 AVO 异常的不确定性。将反演得到多个弹性模型中的 AVO 响应同时绘制在同一 $R(0)$ 与 G 的交会图上。这有助于区分含烃储层与其他地质构造，并评估 AVO 响应的不确定性(图 4.36)。

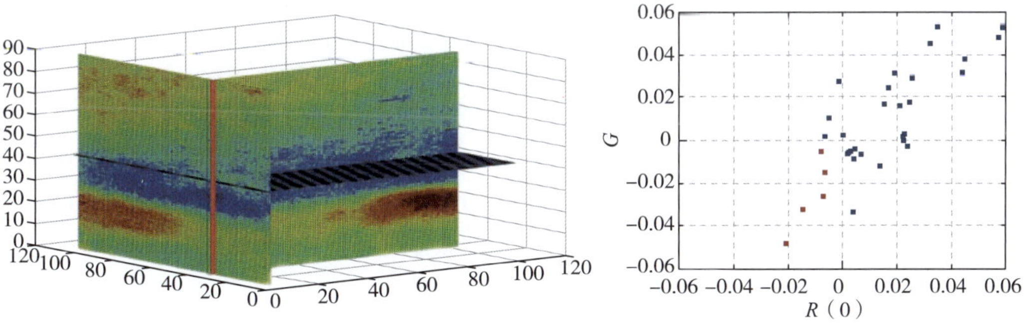

图 4.36 从最佳拟合的反演密度模型中提取的纵剖面和横剖面及垂直位置(红线)上进行 AVO 解释。在红线与水平密度剖面相交的位置，绘制了 $R(0)$和 G 值之间的交叉图，该图显示了整个模拟模型集在最后一次迭代期间的情况。可以看到，即使反演的弹性模型趋近于现实，仍然存在许多可能的 AVO 响应

4.3.7.3 推导动态模量

地震叠前反演方法可以推导可靠的动态模量，例如体模量(K)、剪切模量(G)、压缩模量(M)和泊松比(σ)(Mavko et al.，2003)。可靠的动态模量参数非常重要，可用于研究区域的水平应力和垂直应力表征，或用于孔隙流体判别。将真实动态模量(由真实弹性模型推导而来)与反演模型(由最后一次迭代期间模拟的模型集合的均值模型推导而来)进行比较显示，反演模型的动态模量与真实动态模量匹配得很好(图 4.37)。

4.3.8 局部构造模型的地震反演

上述所有地质统计学反演方法都具有共同的特点，这些特点是模型扰动技术固有的(见第 2 章)：模型是空间连续且稳定的，待估计属性在整个研究区域的概率分布函数由变差函数模型描述。然而，对较大研究区域和复杂的河道构造进行反演时，这些假设条件很难满足，沉积环境在水平和垂直方向上都快速变化，即地质环境是非平稳的。

在对整个反演网格的平稳性假设几乎无效的情况下，可以通过使用具有局部多分布和局部空间连续模式的随机序贯模拟和协模拟来克服这一问题。整个研究区域可以划分成多个分区，在这些分区中稳定性假设更有可能成立。

随机序贯模拟算法在实验数据集和给定区域的反演数据中都可以复现边缘分布和联合概率分布。

具有多元分布和连续性模式的直接序贯算法遵循了与第 3.4 节相同的步骤。位于 x_0 处的局部均值和方差由局部模型的变差函数估计。模拟值是从估算出的局部分布中抽取的，该分布是根据该区域内的实验数据估计的。值得注意的是，空间连续模式不受特定区域的限制。实际上，当计算 x_0 处的克里金估计和方差时，分区对搜索邻近数据点没有影响。最后，模拟值是从待模拟的网格单元的局部分布中抽取的。

空间分区的定义可以来自地震解释，也可以来自深度域的测井解释，或两者同时使用(图 4.38)。

在图 4.38 中所示的案例中，在地震反射剖面可以很轻松地划分垂直分区，还可以通过原始 S 波速度测井数据的均值和方差(图 4.39)进行判断。

为了比较在反演过程中局部多元分布和变差函数模型的影响，我们应用传统 GSI(见第 4.4.2 节)对三个不同的垂直区域进行反演，并在反演过程中使用了多元分布和变差函数模型的 DSS(图 4.40)。

利用空间分布和变差函数来约束反演模型，可以约束弹性属性期望值的空间位置，进而改进反演模型的拟合程度。在图 4.40 的示例中，我们只期望在模型的中央部分(与储层区相关)看到较低的 I_P 值，而较高的 I_P 值主要对应储层下方的区域。包含这种先验信息可以获得更可靠的 I_P 模型，并更好地匹配地下物性的空间分布。

我们还展示了使用地质统计学地震 AVA 反演方法的实际案例。图 4.41 显示了在地质统计学反演的最后一次迭代中协模拟的弹性属性的均值模型。通过反演不同区域的地震反射数据(图 4.38)，推断的弹性属性值将不会出现在不希望的区域(图 4.41)。请注意，这些结果不受任何低频先验模型的约束。然而，通过整合这些区域，反演结果可以更好地受到先前的地质知识(例如地震和地质解释所提供的知识)的约束。

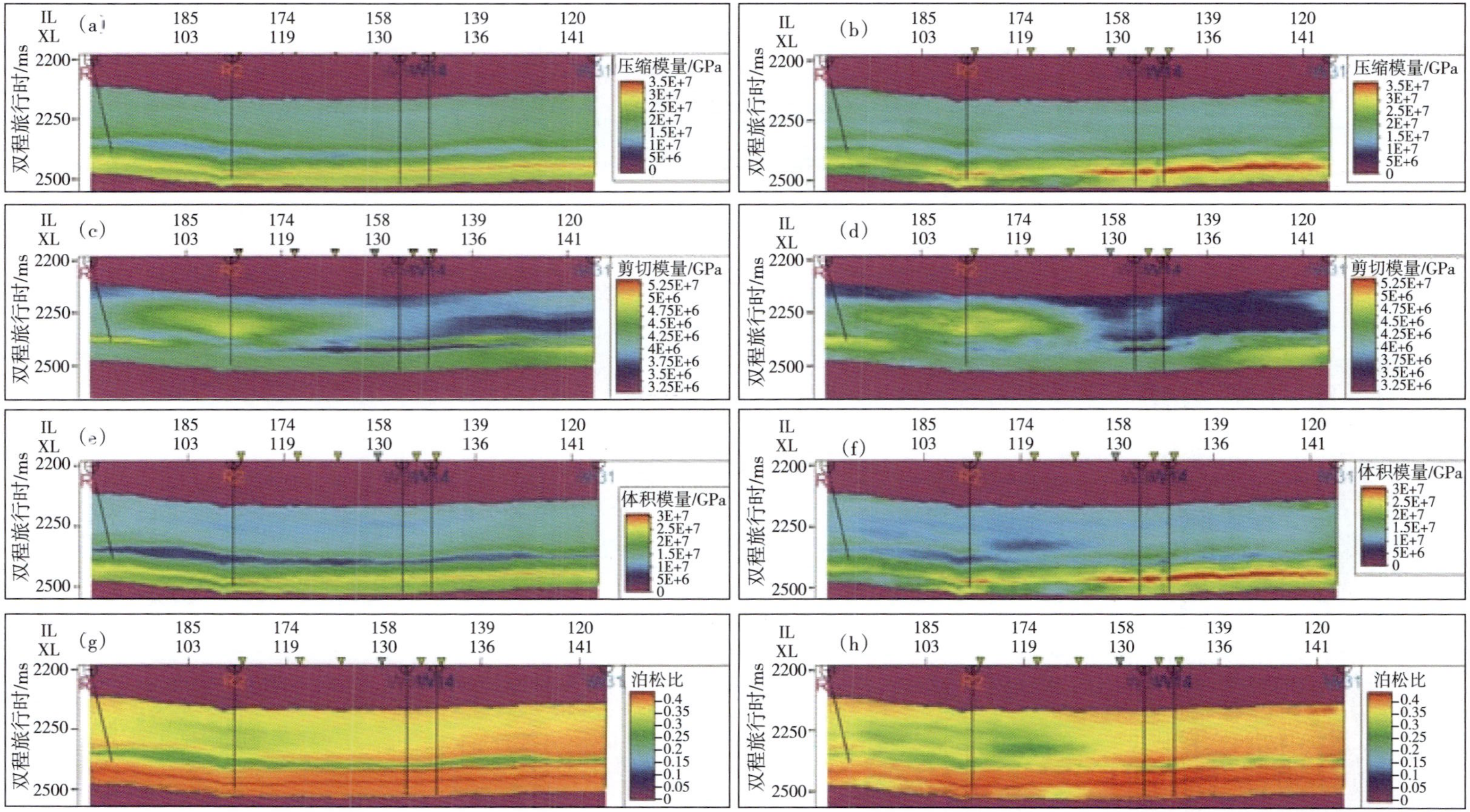

图 4.37　从实际弹性模型（a，c，e，g）和最后一次迭代期间反演模型计算的平均弹性模型（b，d，f，h）中计算得出的动态模量

（a，b）压缩奠量；（c，d）剪切模量；（e，f）体积模量；（g，h）泊松比

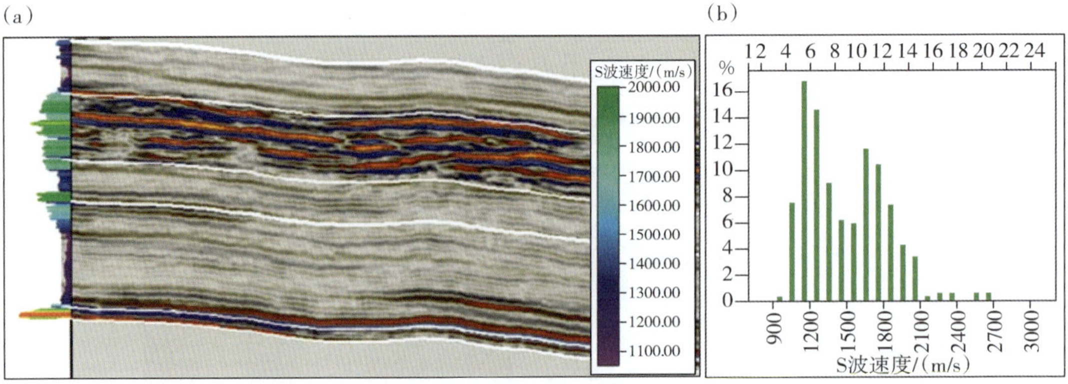

图 4.38 实际案例的分区情况

(a)地震纵剖面通过白线定义了五个垂直区域，这在(b)中的 S 波速度测井中也很容易划分。(b)绘制了 S 波速度的全局分布

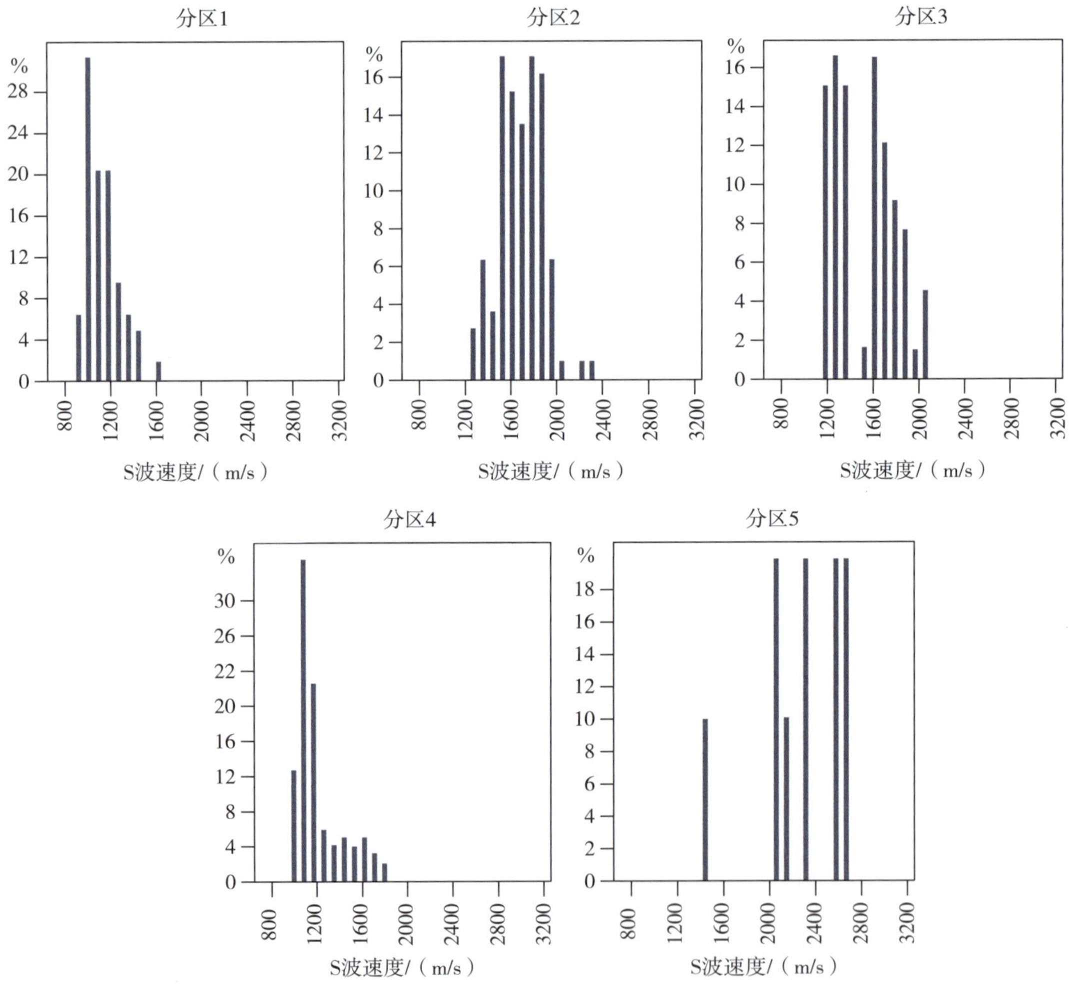

图 4.39 图 4.38 所示的分区中恢复的 S 波速度局部直方图

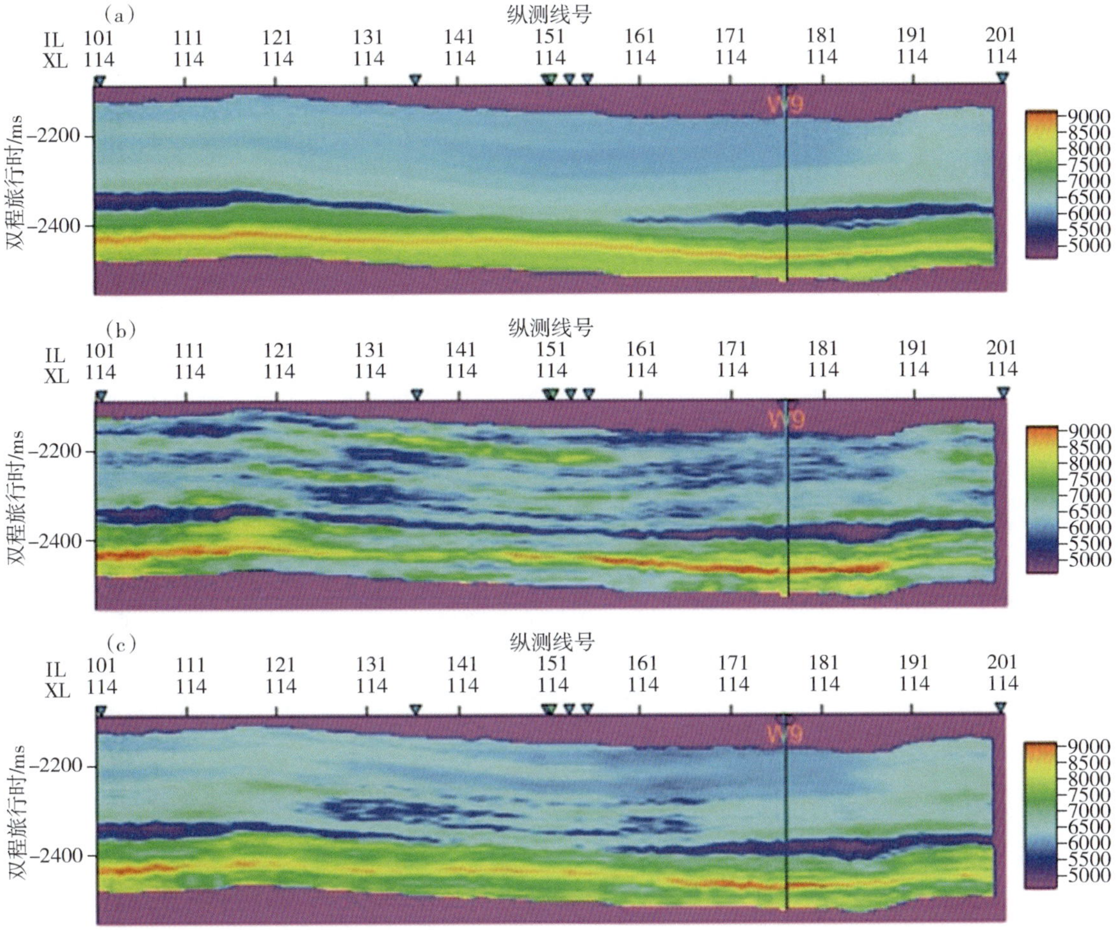

图 4.40　纵剖面的比较

(a)实际 I_P 模型；(b)用传统 GSI 反演的 I_P 模型；(c)采用局部多元分布函数和变差函数模型反演的 I_P 模型

4.4　低频模型与地质统计学地震反演方法的整合

通常认为，与确定性反演方法相比，地质统计学反演方法在评估反演属性的空间不确定性时，能够整合不同尺度的数据，因此可能具有更高的价值。然而，与确定性方法相比，地质统计学反演方法在计算上非常昂贵。

此外，在地球物理学界经常讨论的一个问题是，对于上述大多数地质统计学地震反演方法，在地震分辨率以下的频谱范围(通常在 5～10 Hz 之间，图 4.1)，初始低频模型(low－frequency model，LFM)没有受到真正的控制。用于约束反演过程的初始 LFM 对所获得的反演弹性模型具有重要影响。事实上，大多数基于 LFM 的确定性反演解决方案会使用各种优化技术(如共轭梯度、模拟退火)在初始模型周围搜索模型参数空间。如果初始猜测与全局最小值相差较远，则反演过程将难以找到接近全局最小值。

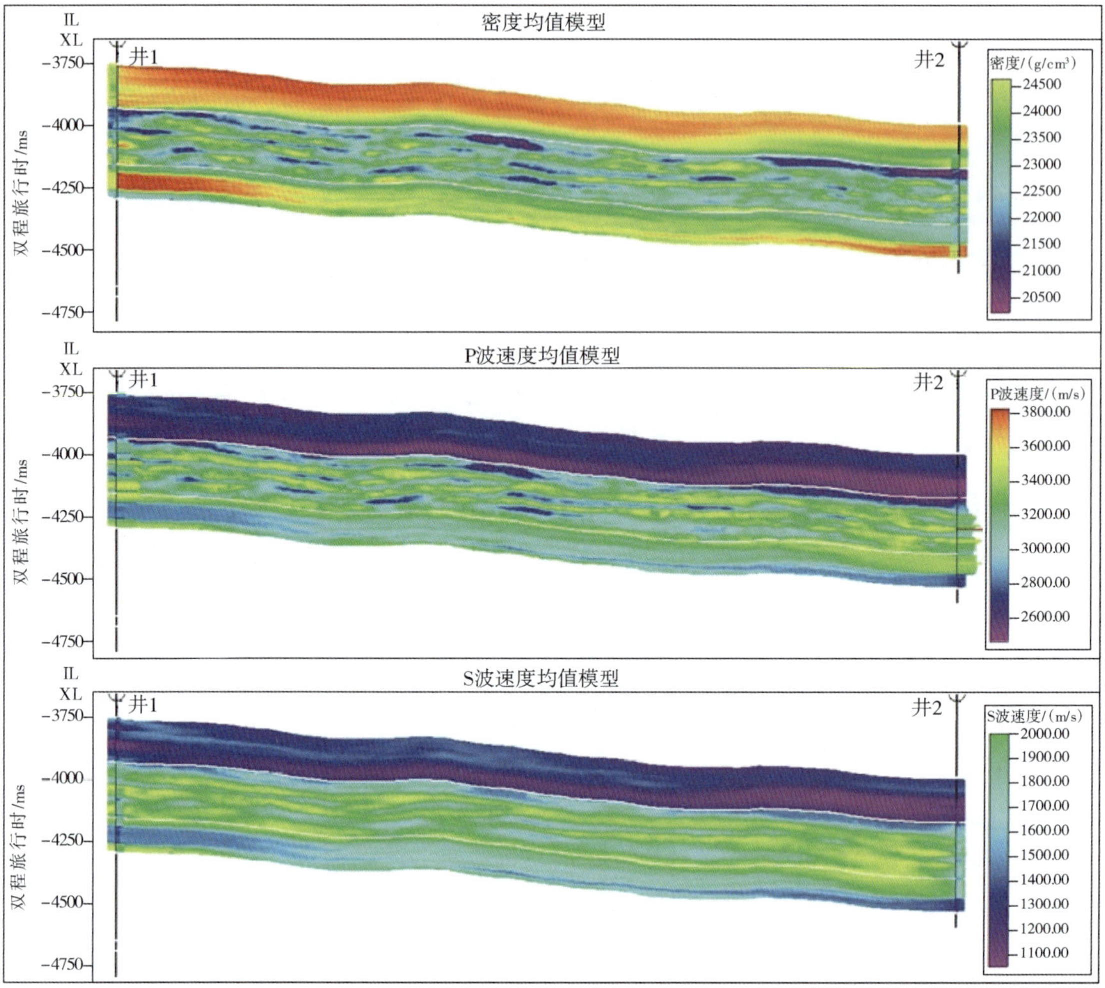

图 4.41　密度、纵波速度和横波速度均值模型的过井剖面，该模型由具有多元局部分布和空间连续性模式的地质统计学地震 AVA 反演得到

LFM 建模的常用方法是通过克里金法对目标属性测井数据进行插值，并通过解释层位对此插值进行约束。插值遵循关键界面(如储层顶部和/或底部)的形态。为了约束插值过程，通常使用处理后的速度模型作为趋势，并使用带趋势的克里金法(Dubrule，2003)。使用 LFM 可以提供更快、更便宜的解决方案，因为使用初始 LFM 可以在很大程度上限制模型参数的探索空间。

本节提出了一种将 LFM 或先验初始猜测模型纳入地质统计学地震反演框架的方法。模型的整合作为目标函数的一部分，参与迭代过程。传统的目标函数仅基于实际和合成地震道之间的相关系数。而现在的目标函数不仅包含传统的目标函数，还结合了在给定迭代过程中初始猜测模型(LFM)与每个单独生成的模型的偏差，该偏差是针对每个目标弹性属性分别计算的。作为迭代地质统计学地震反演的一部分，全局优化算法可以确保综合目标函数(式 4.11)迭代过程的收敛。

$$OF = \lambda_1[\rho(synthetic, real)] + \lambda_2[m - m^*] \tag{4.11}$$

其中，$\rho(synthetic, real)$是合成地震数据和真实地震数据之间逐道相关系数，m 是目标属性的初始低频模型(LFM)，m^* 是对应属性的单个实现。λ_1 和 λ_2 是用户定义的目标函数中每一项的权重。

值得注意的是，通过将先验 LFM 添加到目标函数中，我们限制了模型参数空间的不确定性，并提高了收敛速度。

将这种整合方法应用于使用地质统计学地震 AVA 反演直接预测岩相的一个实际案例中(Azevedo et al., 2015)，结果表明，在反演过程中加入先验知识，比传统的地质统计学地震反演方法具有更快和更高的收敛值(图 4.42)。比较两种方法得出的最佳拟合反演模型，在本案例中这种整合过程产生更好的空间连续性和河道几何形态(图 4.43)。需要

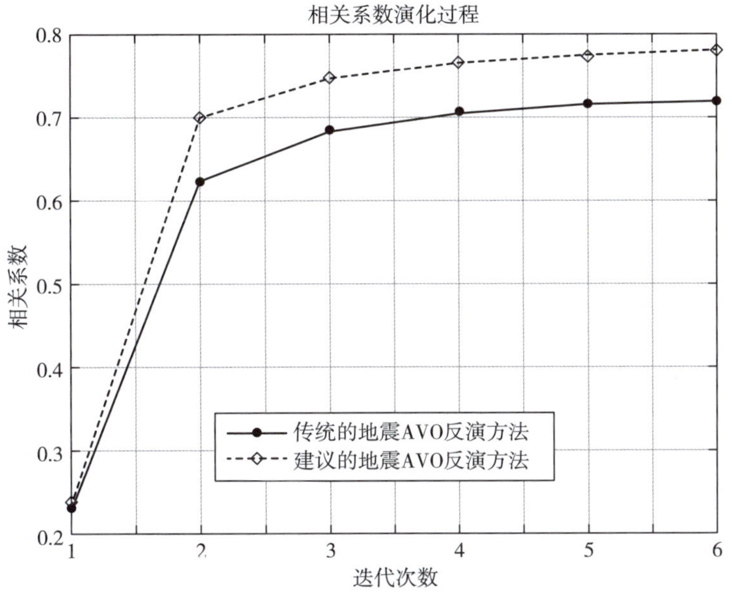

图 4.42　传统和建议的地震 AVA 反演方法之间的全局相关性演化比较。结果表明，所建议方法具有更快、更高的收敛值

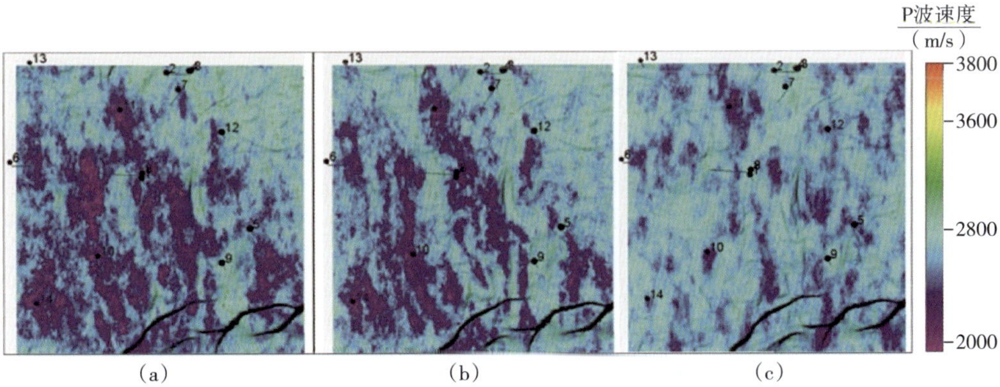

图 4.43　传统地震 AVA 反演(a)、提出的地震 AVA 反演(b)以及提出方法中使用的初始猜测模型(c)之间水平时间切片的对比

注意的是，除了更好的空间约束外，反演得到的弹性模型仍然具有高分辨率。通过随机序贯模拟方法以及将测井数据直接整合到反演过程中，保留了高频成分，即在反演循环过程生成的每个单个模型都在井位点复现了测井数据值。

第 5 章　用地震反演获取岩石物理性质

5.1　基于声阻抗模型的岩石物性描述

在第 2 章介绍的地统计框架中，可以将不同尺度的数据进行整合。根据反演得到的声学和/或弹性模型，使用地质统计技术(如第 3 章所述的序贯协模拟)，可以对感兴趣的岩石物性进行模拟和协模拟。地质统计模拟模型(如上所述)可以将测井数据作为要建模属性的主要变量，并将反演得到的弹性模型作为岩石物性协模拟(或协估计)的次要变量。在这种方法中，岩石物性建模分为两个独立的步骤。岩石物性是从反演过程中得到的声学或弹性模型中推断出来的，因此所得到的岩石物性模型并不直接受地震反射数据的约束。

基于声阻抗模型的岩石物性协模拟

推断地下岩石物性的传统工作流程基于联合模拟(见第 2 章)，且先前通过地震反演获取的弹性模型作为次要变量。所得到的岩石物性模型其细节(小尺度变化)取决于选择的反演方法。

在传统的工作流程中，首先从测井数据中推导出弹性与感兴趣岩石物性之间的关系。根据研究区域的地质背景，这两个属性之间的关系可能是线性的，也可能是极其复杂的(不同的地质层、孔隙类型和孔隙流体，如图 5.1 所示)。

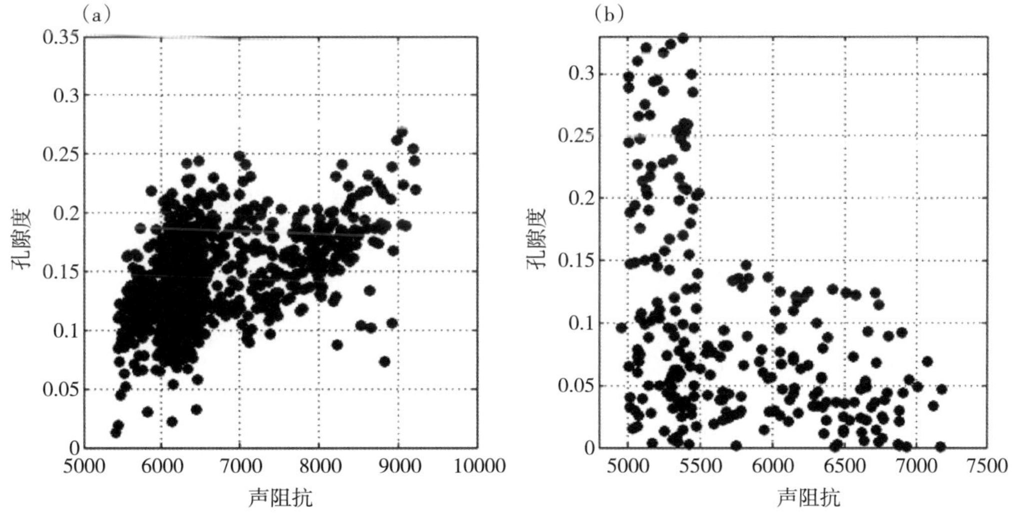

图 5.1　I_P 与孔隙度之间近似成线性关系(a)以及 I_P 与孔隙度之间复杂关系(b)的示例

然后，使用测井数据作为试验数据，使用同一位置反演得到的弹性模型作为次要变量，利用随机序贯协模拟来推导岩石物性模型。次要变量通常是最佳拟合反演模型，或迭代地质统计地震反演过程的最后一次迭代生成的一组模型的均值模型。根据两个属性之间的联合概率分布，我们可以使用传统的序贯协模拟(对于主变量和次变量之间的全局相关系数为线性关系的情况)(见第 3.4.2 节)，或者使用联合概率分布进行复杂关系的序贯协模拟(见第 3.4.3 节)。然而，无论哪种情况，所得到的岩石物性模型并不直接从地震反射数据中获得，因此也不受该数据的直接约束。

与仅基于测井数据推导的岩石物性模型相比，这些模型的不确定性更小；然而，它们不直接受到地震反射数据的约束，并且在局部上可能与观测到的地震数据不一致。新反演方法可以直接从地震反射数据推断感兴趣的岩石物性模型，得到更具现实性和良好约束的地下模型，即地下模型不确定性更少。

5.2 孔隙度模型的直接反演

在地震储层表征中，获取岩石物性模型(如孔隙度模型)的经典方法是对地震反射数据进行弹性属性(如声波和/或弹性阻抗)反演，然后推断感兴趣的岩石物性属性。弹性域和岩石物性域之间的转换基于标定后的声波和/或弹性阻抗与感兴趣的岩石物性属性(例如孔隙度；Avseth et al.，2005)之间的关系。在这些技术中，地震反射数据通过正演方法进行整合，通常是一种随机序贯模拟算法，例如序贯高斯协模拟(Deutsch and Journel，1992)或 DSS(Soares，2001)。随机序贯模拟方法，例如序贯高斯协模拟(Gómez－Hernandez and Journel 1993)，可以解决不同域的差异，但不适合原始变量的非线性转换。

在这种方法中，我们并不直接将得到的岩石物性模型约束到地震反射数据上：孔隙度通常是从特定的地震属性(声波和/或弹性阻抗模型)线性推导出来的，而这些属性是通过地震反演(例如 Doyen，2007)获得的。因此，这种方法通常会面临几个问题：首先，地震数据与井位测量的储层内部属性之间存在不同的(空间/时间)关系；其次，在复杂的地质环境中，弹性和岩石物性之间的非线性关系是多个不同岩相共同作用的结果，使得利用这种序贯模拟方法进行推断变得困难，并且它的外推不太可能在整个研究区域有效。

在这样复杂的地质环境中，不能仅基于它们的声学和岩石物性属性(图 5.2)来建立岩相模型，并且线性假设可能导致错误和不可靠的模型。为解决这个问题已经提出了几种替代方法，例如使用人工神经网络算法从岩相模型中推断弹性属性(Sun et al.，2001)，或者通过对岩相数据进行先期表征(Robinson，2001)。其他方法包括通过地震反演获得地下弹性模型，然后通过校准的岩石物理模型推导出孔隙度模型(Mavko et al.，2003；Bosch et al.，2010)。

在这里，我们介绍了一种通过联合概率分布直接序贯协模拟来表征声阻抗和孔隙度的方法(见第 3.4.3 节)。只要某个岩石物性属性与声阻抗有关系，这种方法可以很容易地扩展到任何岩石物性属性。在反演循环中使用联合概率分布直接序贯协模拟(co－DSS)来推导孔隙度模型，可以复现 I_P 和孔隙度之间的复杂关系，得到的孔隙度模型直接受到地震反射数据的约束，并且不确定性在反演过程中向最终的孔隙度模型传递。

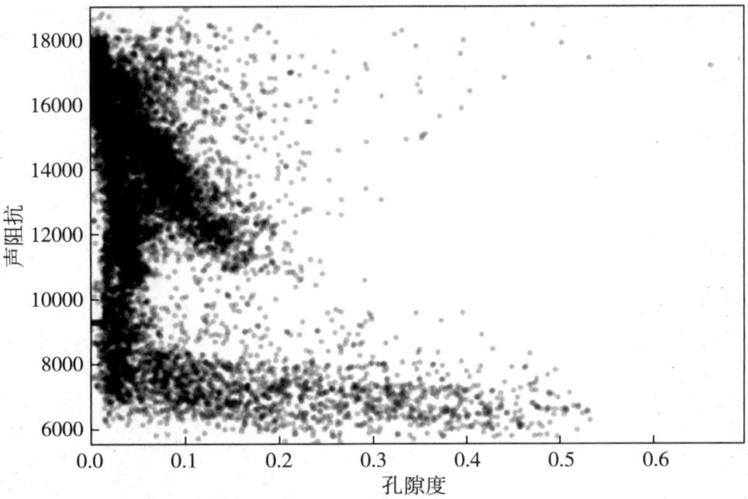

图 5.2　孔隙度和声阻抗之间复杂的关系示例。不同的岩相可以通过声阻抗与孔隙度之间的交会图轻松区分

将孔隙度模型整合到地质统计学地震反演中的步骤如下：

1)根据测井数据生成一组初始的孔隙度模型。

2)使用联合概率分布直接序贯协模拟，从测井数据中生成整个研究区域的声阻抗模型(Horta and Soares，2001)，并使用步骤 1 中生成的模型作为次要变量。这里示例只考虑了声阻抗，但是它可以直接扩展到其他地质统计学地震反演方法。

3)从模拟的声阻抗模型中导出的反射系数与整个区域的估计子波进行卷积，计算相应的合成地震数据体。

4)逐道计算前一步骤中创建的整套合成地震数据与记录地震数据之间的局部相关系数，评估其误差。

5)迭代反演完成后，选择那组合成和真实地震道之间相关性最好的声阻抗模型，并将其与相应的相关系数和孔隙度存储在辅助数据体中。

6)使用上一步骤中创建的孔隙度和相关系数的辅助数据体，进行直接序贯协模拟生成一组新的孔隙度模型。重复步骤 1 到 6，直到目标函数(真实和合成地震数据之间的全局相关系数)达到给定的阈值。

这些基于 DSS 算法的方法，可以复现弹性参数和岩石物性属性的边缘分布和联合分布。通过这种方法，我们直接根据地震反射数据获得岩石物性模型。这对于获取更可靠的储层模型至关重要，因为由实验数据揭示的这两个属性的联合分布和边缘分布在生成的模型中得以复现。

一个早期勘探区域波阻抗反演的案例展示了直接利用地震反射数据反演来获取孔隙度的潜力。该研究区域垂向上被划分为三个不同的区域(图 5.3)。区域 2 对应于感兴趣的河道系统，勘探目标位于该区域中。

根据研究区域和附近油田的测井数据，为每个区域分配了 I_P 和孔隙度的局部联合分布。虽然区域 1 和区域 2 都存在线性关系，但区域 2 表现出不同的特征(图 5.4)。

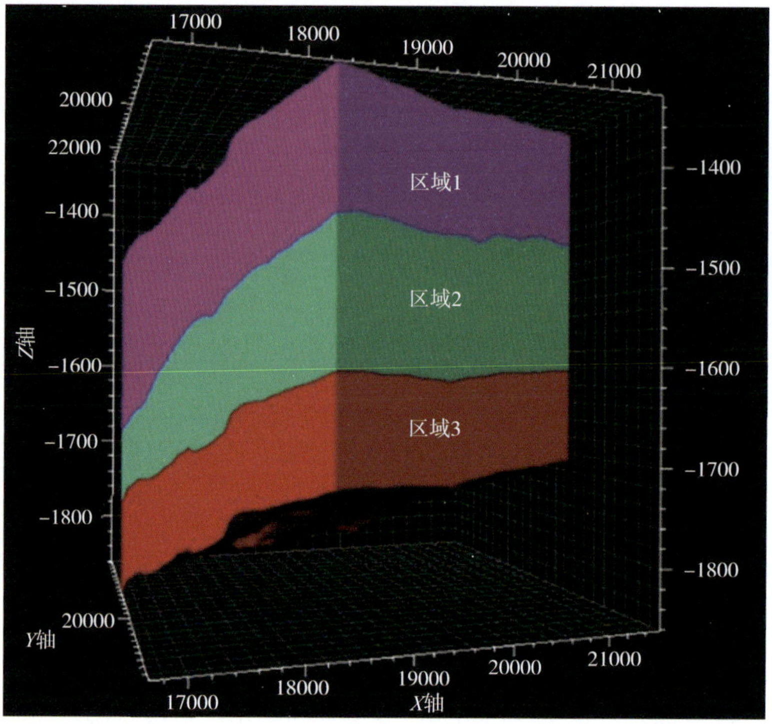

图 5.3　沿反演网格定义的三个区域

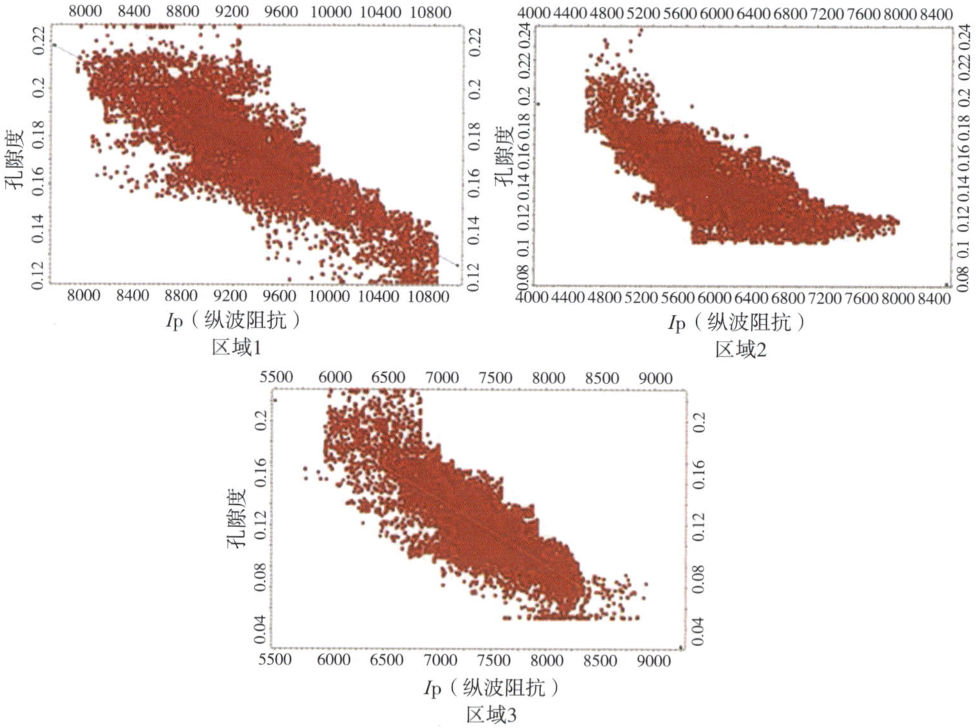

图 5.4　三个垂向分区 I_P 和孔隙度的局部联合分布

六次迭代结束时获得的最佳 I_P 和孔隙度(图 5.5)在空间分布上具有一致性。通过将地震反射和测井数据整合到地质统计学地震反演框架中，进行孔隙度反演，我们可以得到两个属性的高分辨率模型，并且保证了地震反演的不确定性同时向两个模型传递。

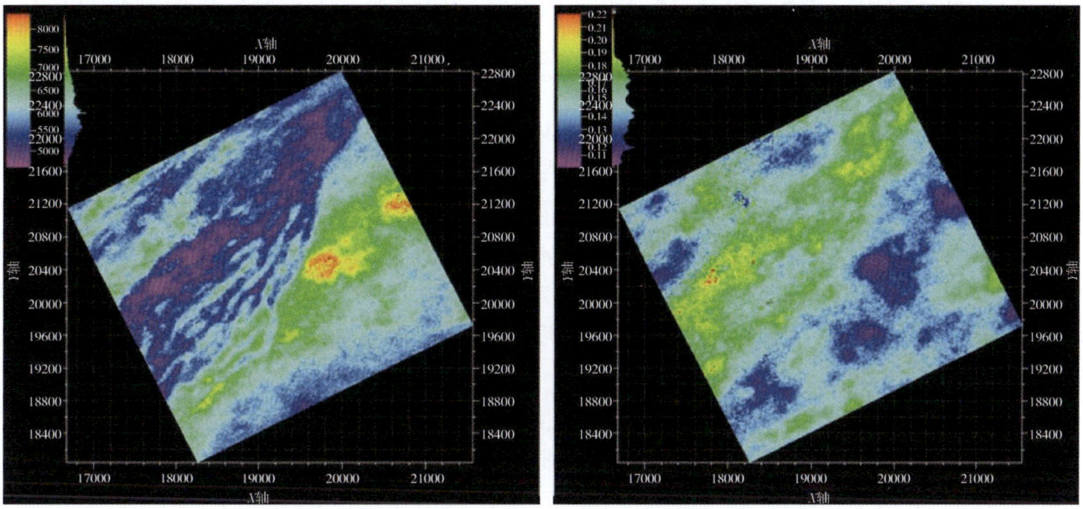

(a) (b)

图 5.5 在区域 2 内最佳拟合反演模型提取的水平层位切片

(a) I_P 切片；(b)孔隙度切片

5.3 直接反演岩石物性的地质统计学地震反演

在地震储层表征研究中，我们通常试图推断出地下岩相的详细空间分布，同时用岩石弹性特征约束这样的模型。在本节中，我们介绍一些地质统计学反演方法，不仅能反演地震反射数据的弹性特性，还同时推断出感兴趣的岩石物理特征的空间分布。

将岩石物理模型整合到地震反演方法中，可以得到更真实的储层模型，使地下地质的特征(如矿物、孔隙类型、流体、孔隙度、固结程度和应力等)体现在反演的岩石弹性模型中。有不同的理论和经验性岩石物理模型来描述给定地层结构的弹性响应与其属性的关系。关于碎屑岩储层最典型的岩石物理模型请参考 Mavko et al. (2003)、Avseth et al. (2005)、Simm and Bacon(2014)的论文，关于碳酸盐岩储层的模型请参考 Xu and Payne(2009)的论文。

5.3.1 岩相的地质统计学地震 AVA 反演

这里介绍的反演方法可以认为是地质统计学地震 AVA 反演技术(见第 4.3.6 节)的延伸，可以直接将叠前地震数据反演为岩相、密度、纵波速度和横波速度模型。这种方法的优势在于，待推断的岩相模型是反演解的内在部分，因此可以同时受到测井数据和叠前地震数据约束。在反演过程中引入岩相模型，可以更直接地将弹性特性(观测到的地震数据)

与地下地质联系起来。

直接反演岩相的地质统计学地震 AVA 反演是一种基于三个主要原理的迭代地质统计学地震反演方法：①先后采用随机序贯模拟 DSS 和协模拟对模型参数进行摄动：采用随机序贯模拟(DSS)(Soares，2001)作为密度模型的摄动技术，采用联合概率分布 co－DSS (Horta and Soares，2010)对纵波速度和横波速度模型摄动。②使用基于交叉遗传算法的全局优化算法，确保迭代方法向目标函数收敛。在每次迭代中，更新模型参数空间，使得最终合成和真实叠前角道集剖面之间的相关系数最大。③使用贝叶斯分类(Avseth et al.，2005)从密度和 v_P/v_S 的模拟和联合模拟模型中创建岩相模型。

我们可以将这种反演方法总结为六个主要步骤(图 5.6)。

第一阶段，在弹性域，例如密度与 v_P/v_S 的交会图(图 5.7)中确定感兴趣的岩相。这一步骤非常重要，因为在井位点上的岩相分类将用作贝叶斯分类的训练数据，并作为反演循环的一部分使用。反演程序的成功与否高度依赖于岩相分类的可靠性以及在给定弹性域中分离岩相的能力。

第二阶段涉及对岩石物理关系的两个变量，密度和 v_P/v_S 的模拟及联合模拟。首先进行 N_s 个密度模型的 DSS 模拟，利用测井数据约束，然后对 v_P/v_S 进行联合概率分布的直接序贯协模拟，模拟 v_P/v_S 随密度的变化。再次，利用井位位置的预校准训练数据，根据概率分类方法(如贝叶斯分类)，对 N_s 对密度和 v_P/v_S 模型进行分类，得到 N_s 个岩相模型(Avseth et al.，2005)。

在每个岩相内部，使用 DSS 和联合概率分布 co－DSS(见第 4.3.6 节)对 N_s 个 P 波速度和 S 波速度模型进行随机序贯模拟。得到的 P 波速度模型既符合从测井数据估计的全局概率分布，也符合在训练数据集中定义的感兴趣岩相的各自概率分布。

在模拟了 N_s 组密度、P 波速度和 S 波速度模型后，按照上一节中描述的地质统计学 AVA 反演(见第 4.3.6 节)，进行迭代地质统计学反演过程，如图 5.6 所示。

使用 Shuey 线性拟合公式(式 4.9)，从 N_s 个弹性模型集合中，计算角度相关的反射系数 RC。然后将得到的 RC 与角度子波进行卷积，得到 N_s 个合成角道集剖面。合成和真实的叠前数据体是水平分层的(图 4.11)。然后，每个合成角度剖面的每一层都与相应的真实角度剖面的对应层进行逐道互相关。得到的局部相关系数存储在局部相关角道集剖面中(图 4.13)。

从当前迭代过程模拟的弹性模型集合中，选择最佳的密度、P 波速度和 S 波速度模型三元组(产生的合成地震反射数据与真实地震数据在所有角度同时具有最大局部相关系数)，并存储在最佳密度、P 波速度和 S 波速度模型(图 4.13)中。对于获得最佳相关性的弹性模型，也分配了一个局部相关系数。相关系数是分配给该弹性模型三元组的局部相关系数剖面的加权平均值。近角度对应的相关系数是最佳 P 波速度模型对应的最佳相关系数立方体的平均值。中远角度对应的相关系数是最佳 S 波速度模型对应的最佳相关系数立方体的平均值。远角度对应的相关系数是最佳密度模型对应的最佳相关系数立方体的平均值。请注意，最佳密度将成为新一组密度模型的约束数据，最佳 P 波速度将成为相应的 P 波速度模型的约束数据，最佳 S 波速度将作为次要变量用于新一组 S 波速度模型的协模拟。中间变量 $r(v_P/v_S)$ 在整个反演循环中保持未约束状态。

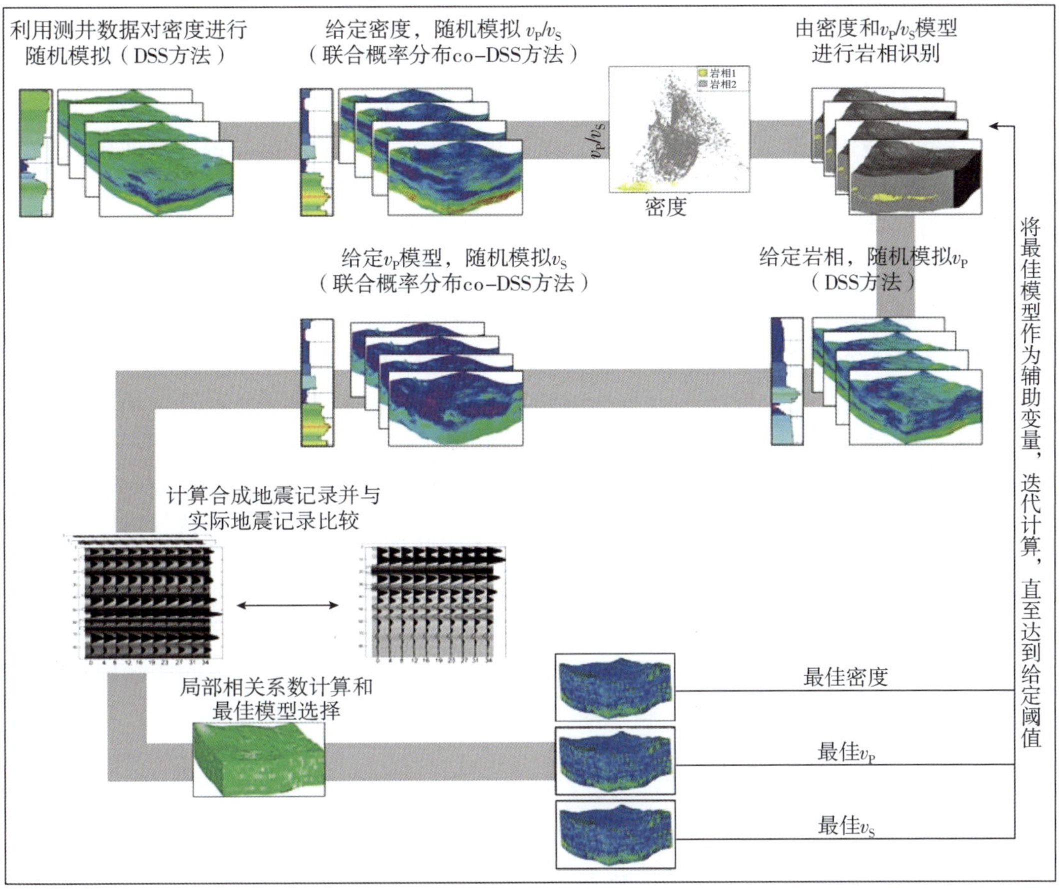

图 5.6　直接反演岩相的地质统计学地震 AVA 反演方法示意图

最佳弹性模型和局部相关系数数据体随后被用作下一次迭代弹性模型的次要变量进行序贯协模拟。当原始和合成地震之间的全局相关系数超过一定阈值时，地质统计学迭代过程结束。

根据弹性模型的随机序贯模拟过程中的变差函数，所有反演模型都能够复现主要的空间模式，以及从原始测井数据和井位处测井数据估计的概率分布和联合概率分布。该算法可总结如下（图 5.6）：

1）使用弹性领域中的测井数据定义岩相，例如密度与 v_P/v_S 之间的关系。

2）使用 DSS 算法对测井数据约束的 N_s 个密度模型进行随机序贯模拟。

3）将先前模拟的 N_s 个密度模型作为次要变量，通过使用联合分布 co－DSS 进行中间变量 $r(v_P/v_S)$ 的随机序贯协模拟（Horta and Soares，2010）。

4）对在步骤 1 和 2 中生成的模型对进行概率岩相分类（例如贝叶斯分类），得到 N_s 个岩相数据体。

5）将岩相模型作为次要变量，使用多元分布 DSS 对 N_s 个 P 波速度模型进行随机序贯模拟。

6）在已经模拟出的 N_s 个 P 波速度模型的基础上，使用联合分布 co－DSS 对 N_s 个 S 波速度模型进行随机序贯协模拟。

7)对先前模拟的 N_s 个弹性模型中的每一个模型，根据 Shuey 线性拟合公式计算叠前合成地震数据。

8)逐道比较每个合成角道集剖面与相应的真实角道集剖面。

9)存储给定迭代次数后产生的密度、P 波速度和 S 波速度的剖面，这些剖面生成的合成角道集剖面与真实地震角道集剖面之间具有最高的相关系数。这些弹性剖面及其对应的相关系数值将作为下一迭代中密度、P 波速度和 S 波速度模型的协模拟的次要变量。需要注意的是，在整个反演过程中，生成的 v_P/v_S 模型仅约束先前生成的密度模型。在迭代过程中，基于实际数据和合成地震数据之间的相关性，对生成合成地震数据的弹性属性进行约束，也就是说，v_P/v_S 模型和通过贝叶斯分类得到的岩相模型不直接受先前迭代的约束。

10)迭代直到原始地震数据与合成地震数据之间的全局相关性达到阈值。

5.3.2 直接获取岩相的地质统计学反演应用示例

我们通过两个简单的示例来展示直接反演岩相模型的潜力：一个是合成数据的示例，另一个是实际应用的示例。第一个合成示例使用了第 4.3.6 节用来说明地质统计学地震反演方法的相同数据集。通过这种方式，我们可以直接比较将岩相模型整合到反演循环中所获得的改进效果。第二个示例展示了在具有挑战性的成熟冲积扇油田中的实际应用，该油田在先前已经应用了地质统计学地震反演。

5.3.2.1 合成数据示例

根据 15 口约束井，利用弹性域中密度与 v_P/v_S 之间的关系，校准了岩相模型。选择这个弹性域是因为它在区分不同流体填充的岩相类型方面具有潜力(图 5.7)：岩相 1 对应于储层，而岩相 2 对应非储层岩性(即盖层和底层岩性)。岩相 1 代表低 v_P/v_S、低密度的含烃砂岩。请注意，这个合成示例仅用来说明该反演过程的潜力。

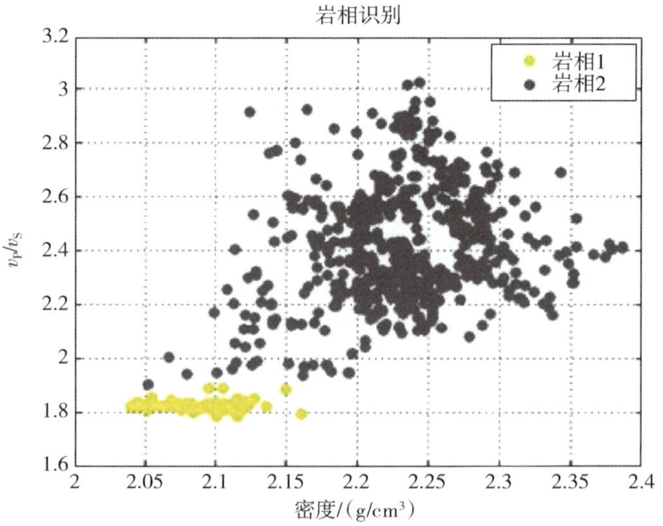

图 5.7 根据密度与 v_P/v_S 定义的弹性域中的测井数据，区分两种岩相

这个反演方法包括从先前模拟的密度模型中协模拟出的一种新弹性属性(除了 P 波速度和 S 波速度以外)。在这个示例中，由于它在分离岩石和流体相类型方面具有潜力，需要从密度模型中协模拟的变量 r 是 v_P/v_S。然后，使用贝叶斯分类将模拟的密度和 v_P/v_S 模型转化为岩相模型。

实际的 v_P/v_S 模型显示了 2400 ms 附近的低速储层。其他潜力区域应该在反演模型中复现，这些区域与局部速度变化(例如低速度层)有关，如图 5.8 所示，在井 R2 附近 2250 ms 以下的区域。

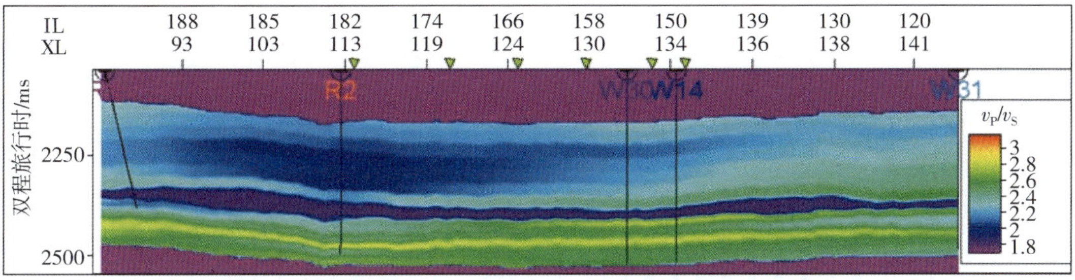

图 5.8　从真实 v_P/v_S 模型提取的纵剖面。剖面位置见图 4.18

按照测井数据的岩相分类(图 5.7)，将参考密度和模拟的 v_P/v_S 模型转化成真实的岩相分类(图 5.9)。与储层相对应的岩相(岩相 1)在厚度和空间分布方面存在较大的侧向变化。可靠的反演岩相模型应该能够复现这些变化，或者至少能够在厚度急剧变化的区域中复现具有较大不确定性的区域。

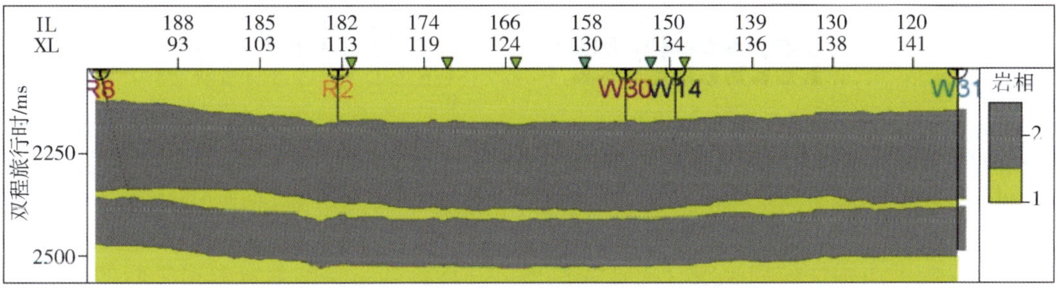

图 5.9　从实际弹性模型分类的实际岩相数据中提取的纵剖面。
岩相 1 对应储层，岩相 2 对应非储层。剖面位置见图 4.18

每次迭代产生 32 个弹性模型(密度、P 波速度、S 波速度和 v_P/v_S)，经六次迭代后收敛。每次迭代，从模拟的 32 对密度和 v_P/v_S 模型中，使用贝叶斯分类对 32 个岩相模型进行了分类。最终，最佳匹配反演模型产生的合成地震数据与实际叠前地震数据的全局相关系数为 0.81(图 5.10)。

最佳匹配合成地震数据能够复现由实际叠前地震数据解释而来的一次反射和 AVA 变化(图 5.11)。从地震 AVA 的角度来看，除了要确保实际和合成地震数据在地震道形态一致外，更重要的是确保振幅随角度的相对变化也匹配。

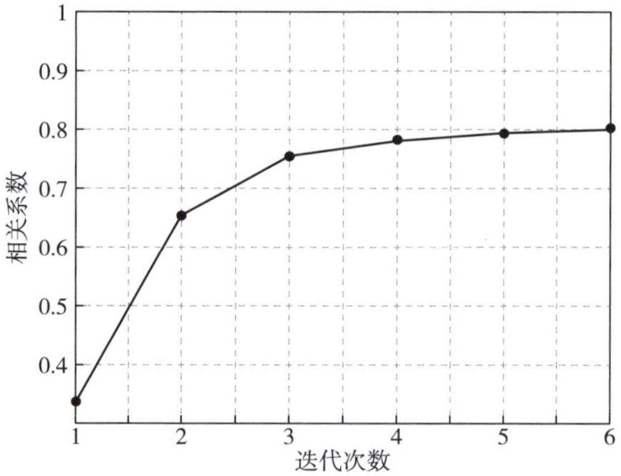

图 5.10　直接岩相反演的地质统计学地震 AVA 反演每次迭代结束时的相关系数演变

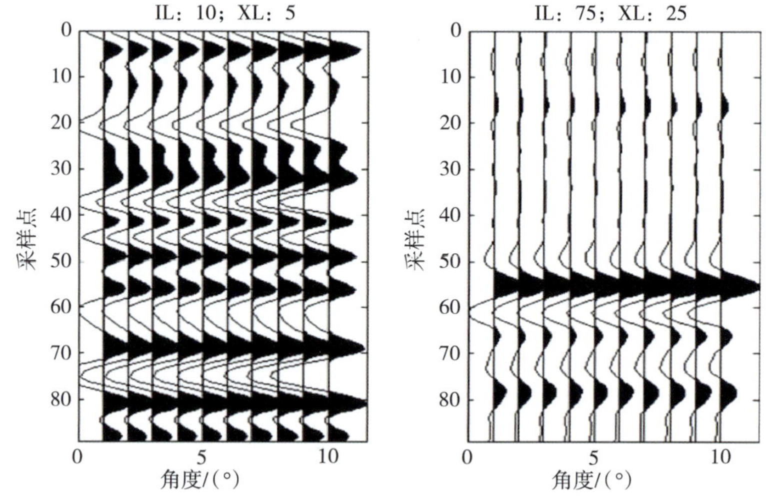

图 5.11　在迭代反演过程结束时，图 4.18 中实际道集相同位置提取出来的合成地震角度道集。就主要反射和振幅随偏移距变化而言，实际道集和合成道集之间匹配较好

最佳匹配反演弹性模型生成合成地震数据，并计算其与实际地震数据之间的逐道局部相关系数数据体。该相关系数数据体显示了反演过程具有良好的收敛性(图 5.12)。

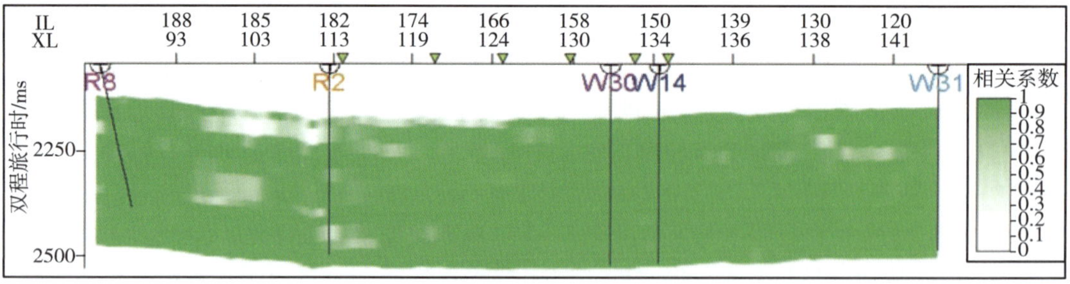

图 5.12　从最佳拟合反演地震的局部相关立方体中提取的纵剖面

位置见图 4.18

可以通过比较在最后一次迭代模拟的所有弹性模型的均值模型与真实弹性模型(图5.13)的匹配程度来评估反演弹性模型的收敛性。在最后一个迭代期间，模拟的所有弹性模型都能够产生与实际地震数据的相关系数约为 0.8 的合成地震反射数据。密度模型和 P 波速度模型均得到了很好的恢复。对于储层和盖层区域，两个反演模型的空间连续性和值

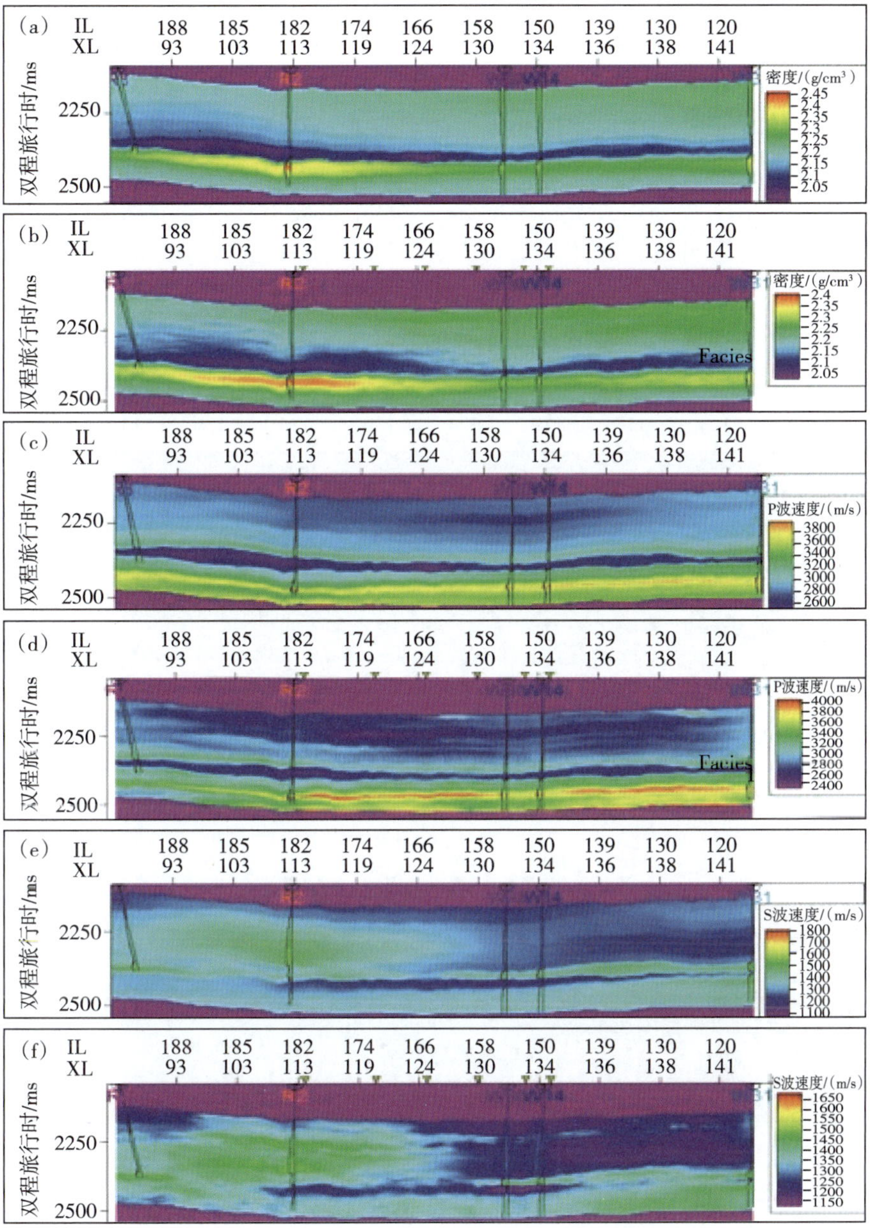

图 5.13　从实际弹性模型中提取的纵剖面(a，c，e)；地质统计学地震 AVA 反演的最后一次迭代中的均值模型(b，d，f)

(a，b)密度；(c，d)P 波速度；(e，f)S 波速度模型。反演模型受到测井数据的约束，并忠于其位置处的井数据。它们能够复现实际弹性模型的主要特征。剖面位置请参见图 4.18

都非常匹配。然而，反演的P波速度模型中，2250 ms盖岩上方的区域，比实际模型的值要低。看上去，2200 ms附近的低P波速度区域比真实的P波速度模型范围更大。

S波速度模型是反演结果表现最差的弹性模型。但反演得到的S波速度模型能够复现主要的大尺度特征。此外，反演得到的S波速度模型还能够复现一些小尺度特征，比如紧邻储层底部(约2400 ms)的低S波速度薄层。与地质统计学地震AVA反演方法(见第4.3.6节)相比，反演的和实际的S波速度模型有更好的匹配。这个结果是由于将岩相模型标定整合到反演过程中。

在反演过程的最后一次迭代的岩相模型能够复现从原始相体积中解释出的相空间分布(图5.14)。对于岩相1，即储层区域，无论是空间分布还是储层厚度，都能得到很好的复现。然而，均值岩相模型与真实岩相模型(图5.9)相比更不连续。这种不连续性在受井数据约束较少的位置更为明显。然而，重要的是，在最后一次迭代期间分类的独立岩相模型具有更连续的岩相模式，与真实岩相模型(图5.15)匹配更好。这些模型之间的差异是储层不确定性的一部分，这是所提出的方法的优势之一。

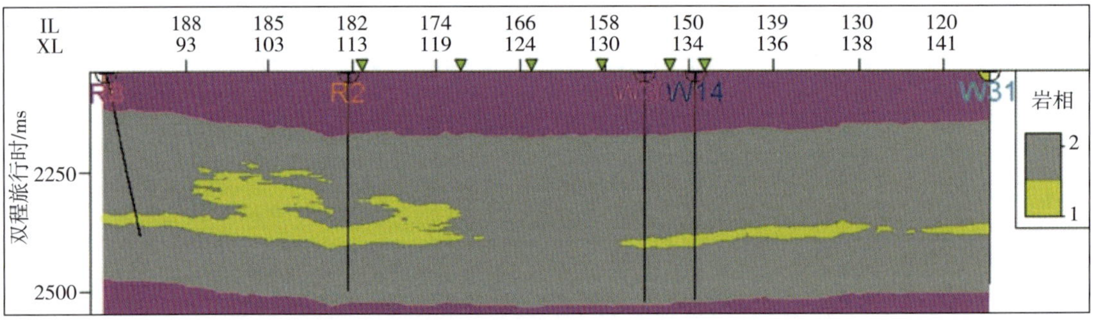

图5.14 从最后一次迭代中模拟的一组岩相模型计算得出的岩相模式抽取的纵剖面。剖面位置请参见图4.18

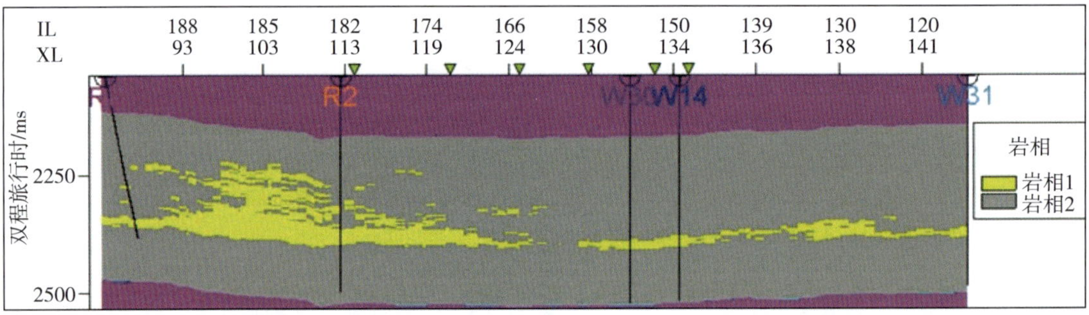

图5.15 从最佳拟合的岩相模型中提取的纵剖面。与在最后一次迭代中模拟的岩相模型的均值模型所得到的岩相模式(图5.14)相比，储层对应的岩相(岩相1)更加连续。剖面位置请参见图4.18

反演得到的弹性模型也能够复现从测井数据中估计出的密度与v_P/v_S、v_P与v_S之间的联合分布关系(图5.16)，同时保持了在训练数据中进行的岩相分类。这是所提出的迭代地质统计学方法的一个关键特征，因为它既确保了弹性属性之间关系的再现，又将其限制在井位置上校准的地质模型(即岩相模型)中。

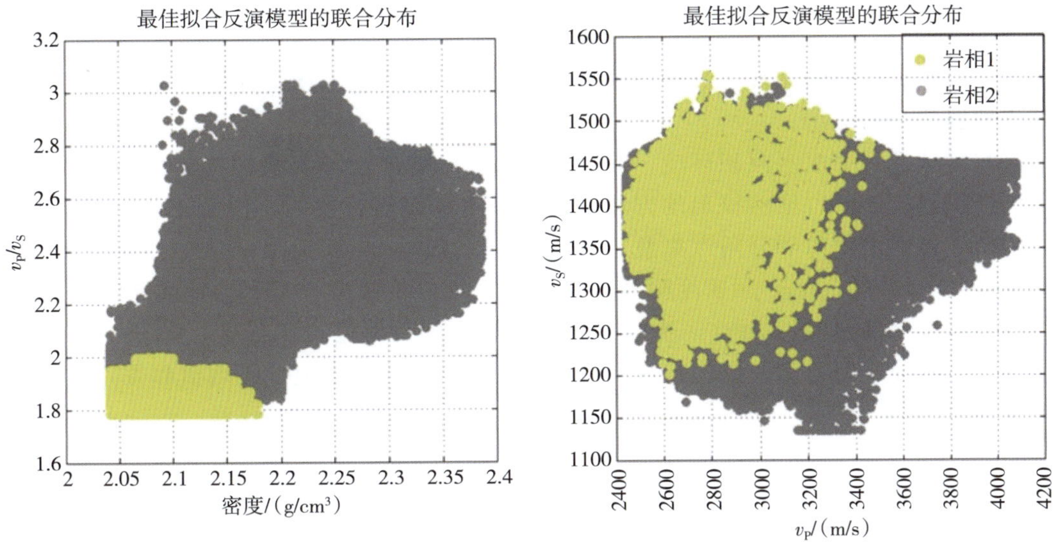

图 5.16　从最佳拟合的反演模型中估计出的密度与 v_P/v_S 比值，以及 P 波速度与 S 波速度之间的联合分布，能够复现从测井数据中估计出的联合分布(图 4.19，图 4.31)。这些联合分布按岩相进行了颜色编码。复现弹性参数之间关系的同时，保持井位置上岩相模型的地质意义非常重要

最后，整个反演过程中模拟的弹性模型(包括密度、v_P/v_S、P 波速度和 S 波速度)的边缘分布与从测井数据估计出的分布相一致(图 5.17)。

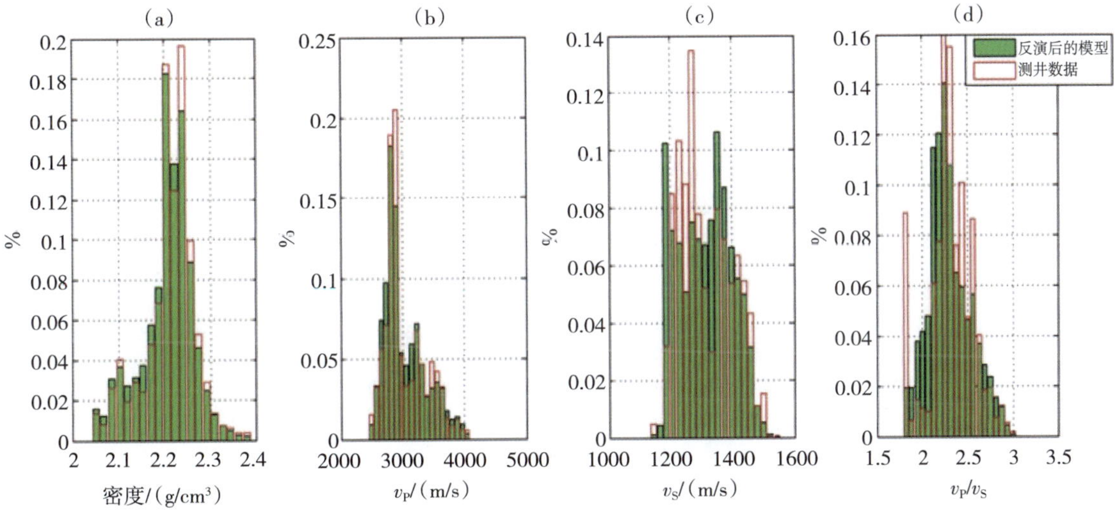

图 5.17　对比从约束测井数据(红色)估计的密度(a)、P 波速度(b)、S 波速度(c)和 v_P/v_S(d)的边缘分布，以及从最佳拟合反演弹性模型中得到的结果(绿色)

需要注意的是，反演的弹性模型在没有岩相模型的情况下，与在有岩相模型下的情况下存在差异(图 4.28，图 5.13)。显然，将地质联系纳入反演过程中会大大改善反演得到的弹性模型，无论是属性值还是属性的空间分布(图 5.13)。

5.3.2.2 真实案例

为了说明这种方法在真实数据中的潜力，我们展示了该地质统计学地震反演方法在一个真实数据集中的应用。

研究区域是一个深水浊积环境，其中储层与富砂的河漫滩沉积物有关。通过 AVO 异常，已经识别出储层。虽然提出的方法是为处理角道集而开发的，但由于缺乏叠前数据，我们使用了以下角度的部分角道集叠加剖面：10°、15°、20°和 29°。

现有 13 口井的 v_P/v_S 和密度测井曲线。这些井主要钻探了有利的地质层，这会对已知弹性属性产生偏差(图 5.18)。这些井之前已与地震数据进行了标定，并获得了相应的角度子波。高分辨率的测井数据粗化到储层网格中，确保了极值、平均值和方差与原始测井数据一致。

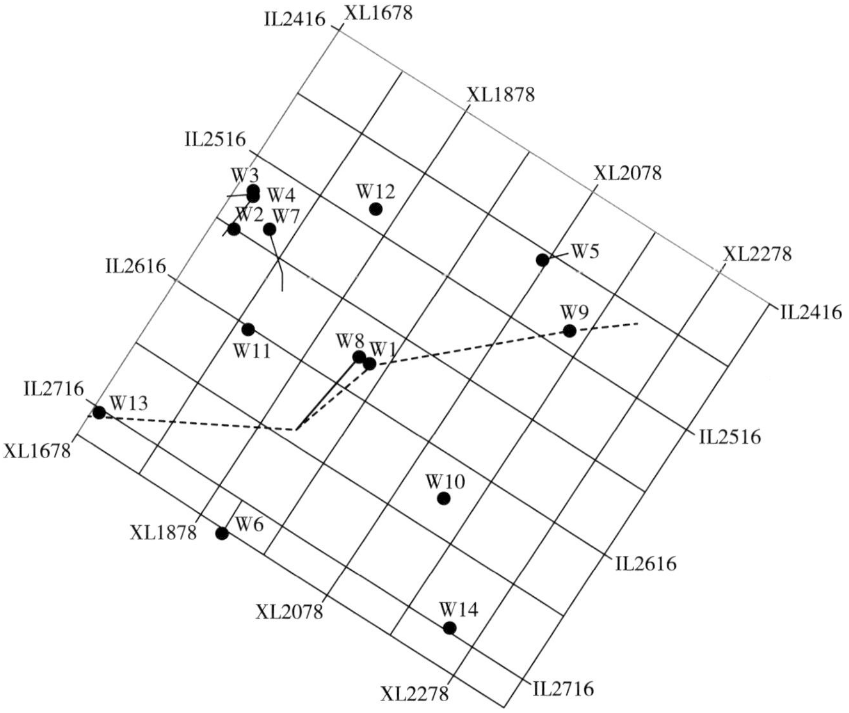

图 5.18 真实案例研究中可用的井及其在地震网格中的位置

黑色虚线表示垂直井段的位置，展示了地质统计学地震 AVA 的结果。井口位置由黑色圆圈表示，井斜轨迹由细黑线表示

垂直方向上从粗化后的测井数据计算变差函数，水平方向上从真实的部分角度道集计算变差函数，从而推断每个属性的空间连续性模式。由于井之间的距离较远，我们决定使用地震反射数据来推断水平方向的空间连续性模式。与测井数据估算的变差函数相比，这个过程通常会高估变差函数范围值。

在弹性域通过密度和 v_P/v_S(图 5.19)定义了两种感兴趣的岩相模型，可区分储层相和非储层相，即砂岩相和泥岩相。这在地质统计学反演过程中被用作贝叶斯分类的训练数据。

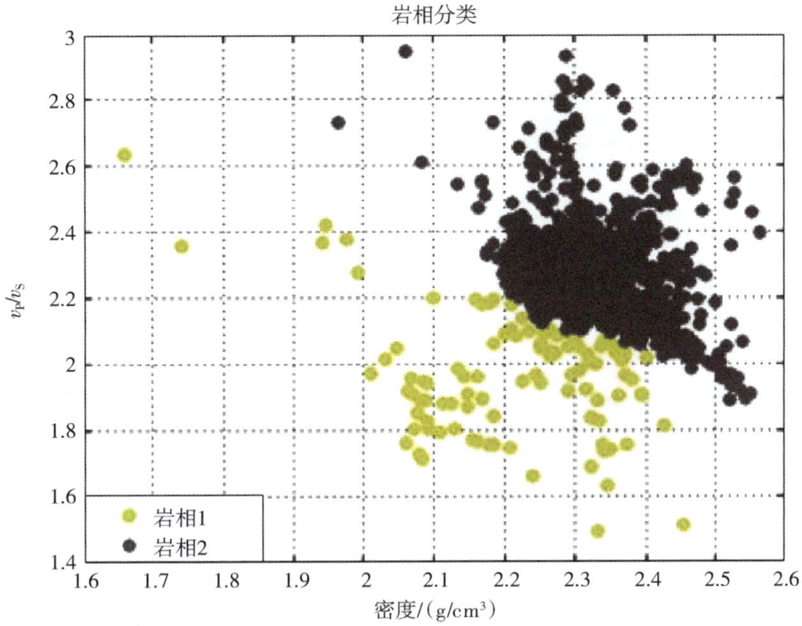

图 5.19　从粗化后的测井数据中获取的密度和 v_P/v_S 之间的联合分布，按岩相类型进行着色。这被用作迭代地质统计学工作流程中贝叶斯分类的训练数据。岩相 1 是储层相，而岩相 2 是非储层相

经过六次迭代，地质统计学地震 AVA 反演收敛于真实地震反射数据。每次迭代中，模拟和协模拟了 32 组密度、P 波速度和 S 波速度。经过六次迭代，所有角度下真实和合成的部分叠加地震反射的全局相关系数达到 0.75。得到的合成地震数据在主要反射和 AVA 变化方面与真实地震数据有相当好的匹配。值得注意的是，从真实模型解释出来的地震波振幅值和延伸形态在合成地震反射数据中得到了再现(图 5.20)。

由于在最后一次迭代过程中生成的岩石弹性模型很相似，所有这些模型产生的合成地震数据与记录的地震数据高度相关。从最后一次迭代过程中生成的一组弹性模型计算出的密度、P 波速度和 S 波速度模型的均值模型可用于解释反演结果(图 5.21)。反演的模型显示了高分辨率细节。每个模型都受其位置处相应测井数据的约束。

根据反演过程中生成的一组岩相模型计算出的岩相模式(图 5.21)，显示了储层岩相在该油藏中的比例，与该油藏已知情况符合。有趣的是，可以观察到，储层岩相沿整个储层区域并不是连通的，但其位置与真实地震反射数据的振幅异常基本一致。

与地质统计学地震 AVA 方法(见第 4.3.6 节)不同，直接反演岩相的方法可以获得最佳拟合的反演弹性模型和油藏的地质模型。与从反演的弹性模型得出的岩相模型不同，最终的反演岩相模型同时受到测井数据和地震数据的约束。在反演过程中整合岩相模型为反演解决方案带来更多地质真实性。然而，地质统计学地震反演过程中，如果充分利用其他岩石物理模型(Asveth et al.，2005)，可以将此方法应用于更复杂的地质环境。

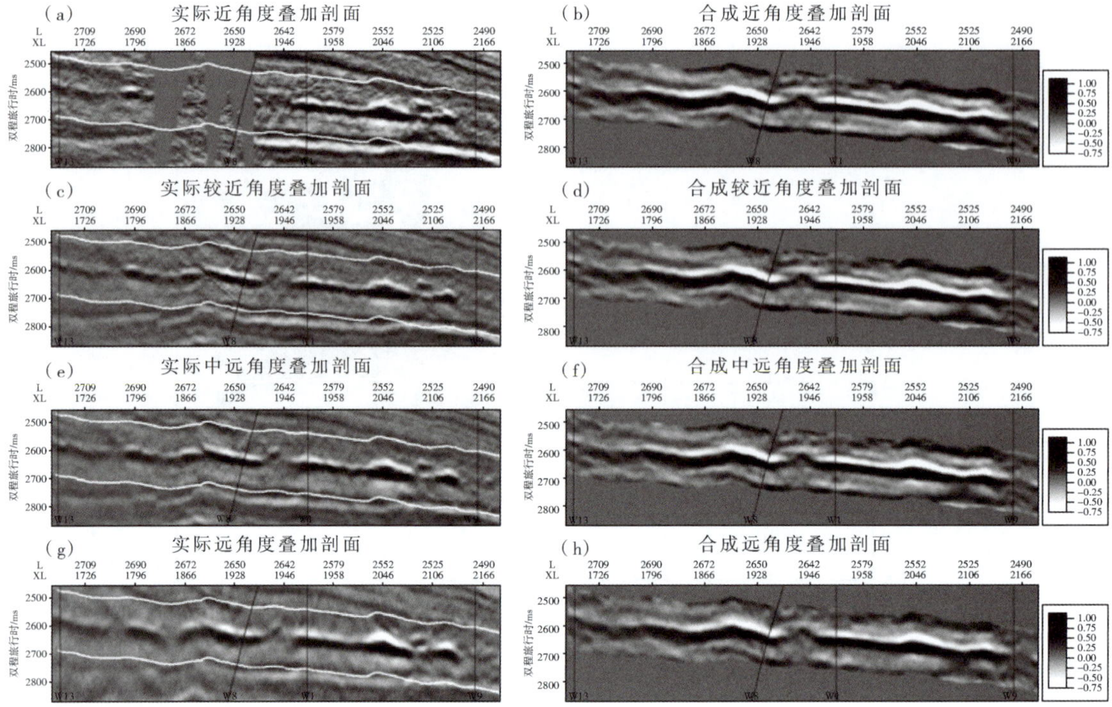

图 5.20　从真实部分角度叠加中提取的纵剖面(a，c，e，g)，与从地质统计学地震 AVA 反演得到的合成地震反射剖面(b，d，f，h)进行的比较

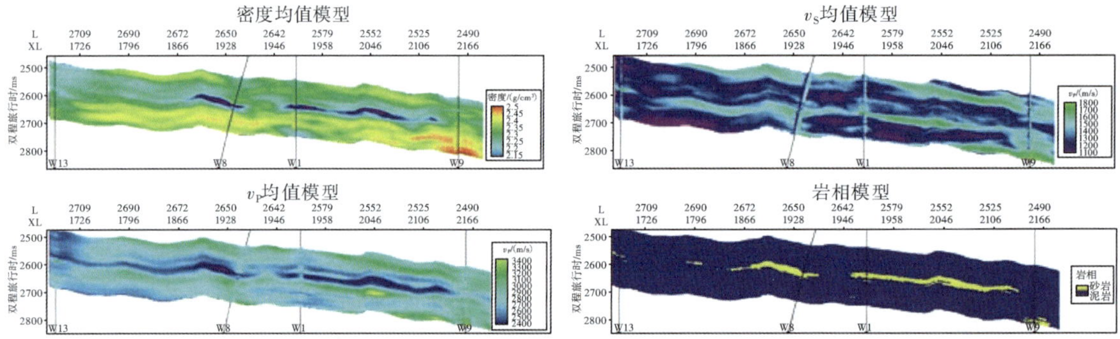

图 5.21　根据地质统计学地震 AVA 相反演最后一次迭代期间生成的一组模型计算的均值岩石弹性模型，该反演模型受到可用测井数据的约束，并忠于其位置处的井数据

5.4　岩石物理模型与地质统计学地震反演的整合

迭代地质统计学地震反演过程的新发展应该将统计岩石物理学整合到反演工作流程中。可以用如下方法：

第一步是根据测井数据校准岩石弹性模型。可以通过线性或非线性回归方法，将理论或经验模型拟合到测井数据。在此步骤结束时，我们能够得到一组描述所研究地质系统的方程。与传统的统计岩石物理工作流程类似，在井上没有孔隙流体数据时，可以通过 Gassmann 方程进行流体替代（如 Smith et al.，2003 文献），并将其纳入校准的岩石弹性模型中。

第二步是通过蒙特卡罗模拟生成测井数据缺乏的目标属性值的地下地质变化。将这种变化添加到校准的岩石弹性模型中非常重要，因为它允许在迭代地质统计学反演过程中创建更多变化的随机模拟模型，从而提供更可靠的解决方案。

第三步是迭代地质统计学反演算法本身，如第 4.3 节所述。从测井数据中使用 DSS 对 N_s 个含水饱和度（S_w）模型进行随机序贯模拟。然后，利用联合概率分布 co－DSS 生成 N_s 个孔隙度模型，孔隙度模型受测井数据和先前模拟的 S_w 模型的约束。然后，将得到的孔隙度模型用作次要变量，利用联合概率分布 co－DSS 方法开展 N_s 个密度模型的协模拟。

在储层网格中的每个位置 x_0，从第一步构建的概率岩石弹性模型中提取 P 波速度和 S 波速度值，并考虑到同位模拟的 S_w 和孔隙度值。这些值将用于确定孔隙度与 P 波速度、孔隙度与 S 波速度之间的局部联合概率分布（图 5.22）。所选的局部概率分布将在联合概率分布 co－DSS 中用于模拟 N_s 个 P 波速度和 S 波速度模型。

第四步按照第 4.3.6 节提出的地质统计学地震 AVA 方法，开展迭代地质统计学反演。

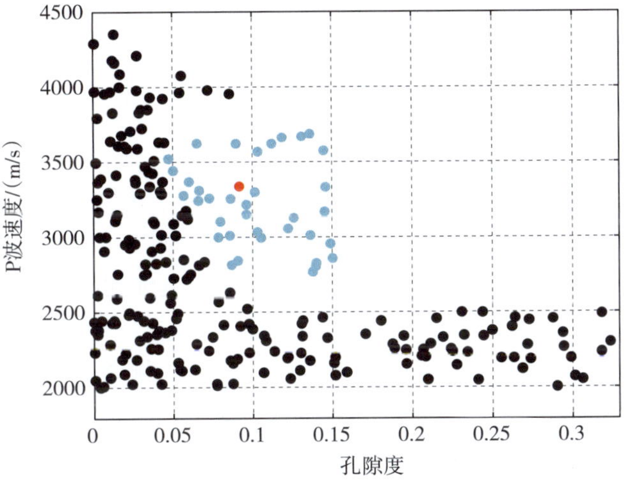

图 5.22　孔隙度和 P 波速度之间的双分布示例

从中可以区分对应于不同岩相的几个群体。红色圆圈表示给定 x_0 处的孔隙度时，根据岩石弹性模型计算的 P 波速度值。孔隙度与 P 波速度（蓝色圆圈）之间的局部双分布将用于 P 波和 S 波速度模型的协模拟

第6章　地质统计学地震反演方法中的数据整合

在本章中，我们推广地质统计学地震反演方法，使其除了利用上一章中展示的传统地震反射和测井数据以外，还能同时整合其他不同性质的数据，在这里，我们将介绍在其反演过程中整合受控源电磁(CSEM)数据(见第6.1节)和动态生产数据(见第6.2节)的最新进展。

6.1　电磁和地震数据的地质统计学同时反演

地球物理方法的最新进展允许利用电磁数据，尤其是可控源电磁(CSEM)数据，推断地下孔隙流体的空间分布(例如Gao et al.，2010；Hoversten et al.，2006文献)。从CSEM反演中得到电阻率模型，然后用于计算岩石的孔隙度和水饱和度等岩石物性参数，采用的是Archie定律(式6.1；Archie，1942)和/或Waxman－Smits方程(式6.2；Waxman and Smits，1968)。这些定律将岩石的电导率或电阻与其孔隙度和盐水饱和度相关联：

$$R = aS_w{}^{-n}\Phi^{-m}R_w \tag{6.1}$$

式中：R 是部分饱和岩石在盐水饱和度 S_w 下的电阻率；S_w 是盐水饱和度；n 是饱和度指数；Φ 是岩石孔隙度；R_w 是盐水的电阻率；m 是胶结指数。

$$\sigma_0 = \frac{1}{F}(\sigma_w + BQ_v) \tag{6.2}$$

式中：σ_0 是电导率；F 是地层因子；σ_w 是盐水的电导率；B 是钠黏土交换阳离子的等效电导率；Q_v 是单位孔隙体积的阳离子交换容量。根据式6.1和式6.2，我们可以将CSEM数据视为一个反演问题的解，其中未知参数是孔隙度和盐水饱和度。

CSEM反演与其他地球物理反演问题具有相同的特点。它们是不适定问题，非线性的，并且由于地球物理数据的有限带宽和分辨率、噪声、测量误差以及正演模型的物理假设，而具有多解性(Tarantola，2005)。模型参数将被更新，直到合成和真实电阻率测量之间达到匹配。联合使用地震反射和CSEM数据，可以生成能够同时匹配两种数据的岩相或孔隙模型。通过在相同的反演框架中整合不同类型的数据，我们期望能够降低不确定性水平，从而获得更可靠的地下地质模型。值得注意的是，与地震反射数据相比，CSEM具有相对较低的分辨率和较浅的地下穿透深度(Tompkins et al.，2011)。所提出的框架确保不确定性能在整个反演过程中传播，也确保能同时整合不同尺度的数据：测井、地震反射和CSEM数据(Bosch et al.，2010)。

电磁反演在推断地下电阻率分布方面正变得越来越重要，其能利用电阻率来推断地下流体的空间分布(Gao et al.，2010；Hoversten et al.，2006)。这些方法通常是单独应用的，由于地球物理反演的非唯一性质，联合解释时得到的模型可能不一致。

无论是在目标区岩石弹性属性的空间分布上，还是在区分不同流体填充区域上，通过联合反演地震反射和 CSEM 数据，所得到的岩石弹性模型可以更好地表征储层。这种联合反演很关键的一个方面是，两种地球物理测量方法具有不同的空间敏感度，因此两种测量类型之间没有组合影响。

实际上，由于这些地球物理方法本质非常不同，并不能直接进行同时反演，需要使用岩石物理模型将两个领域联系起来：从地震反射数据得到出的弹性属性与从反演电阻率模型中得到的岩石物性属性相联系。

为了评估联合反演在储层表征中的潜力，这里我们展示了 CSEM 和地震反射数据的迭代地质统计学同时反演。地质统计学联合反演方法可以从测井数据、地震反射数据和 CSEM 数据(Azevedo and Soares，2014)中同时推断出地下声阻抗、水饱和度和孔隙度模型。这是一种迭代地质统计学方法，其中模型扰动是通过 DSS 和协模拟(见第 3.4.1 节和第 3.4.3 节)进行的。通过使用先前模拟的饱和度模型作为次要变量，通过联合概率分布 co－DSS(见第 3.4.3 节)，获得含水饱和度和孔隙度数据。每对模型同时生成合成电阻率数据(例如 Archie 定律)和合成地震数据。

测井数据作为随机序贯模拟和协模拟算法的实验数据，基于交叉原理的遗传算法作为全局优化算法，每次迭代将合成电阻率和合成地震数据同时收敛到真实数据。如果整个真实数据体与反演合成电阻率和反演合成地震反射数据的平均全局相关系数都高于用户定义的阈值，则认为反演过程完成。

地震和电磁数据地质统计学联合反演可以概括以下步骤(图 6.1)：

1)含水饱和度测井数据作为模拟过程的实验数据，通过随机序贯模拟 DSS 算法(Soares，2001)模拟出 N_s 个含水饱和度(S_w)模型；

2)使用联合概率分布 co－DSS(Horta and Soares，2010)，将前一步模拟的每个 S_w 模型作为次要变量，协模拟生成 N_s 个孔隙度模型。

3)为创建的每对模型(步骤 1 和 2)进行岩相模型分类(例如砂岩/页岩)。

4)根据 Archie 定律(Archie，1942)与 Waxman－Smits 方程(1968)，根据分类的岩相模型(步骤 3)，利用每对 S_w 模型和孔隙度模型计算 N_s 个合成电阻率响应。

5)根据预校准的声阻抗－孔隙度模型关系(RPM)，对在步骤 2 中生成的每个孔隙度模型进行处理，得到 N_s 个声阻抗模型，并计算相应的法向入射的反射系数。然后，将这些反射系数与估计的子波进行卷积。

6)逐道计算合成电阻率与实际电阻率、合成与实际地震响应之间的相关系数。

7)选择同时确保合成电阻率与实际电阻率、合成与实际地震响应之间最大相关系数的岩石弹性道。各个相关系数都是加权平均值，权值取决于输入地球物理数据的质量。将这些弹性道保存为最佳联合饱和度和孔隙度数据体，并保留相应的相关系数。

8)基于最佳联合饱和度与孔隙度模型与现有岩心测井数据，通过使用 co－DSS，协模拟一组新的饱和度和孔隙度模型；重复迭代过程并返回步骤 2，直到全局相关系数(合成电阻率与实际电阻率、合成与实际地震响应之间最大相关系数)达到阈值。

联合反演过程中，通过合成电阻率与实际电阻率、合成与实际地震响应之间逐道相关系数的加权平均值(式 6.3)来确保迭代过程的收敛性：

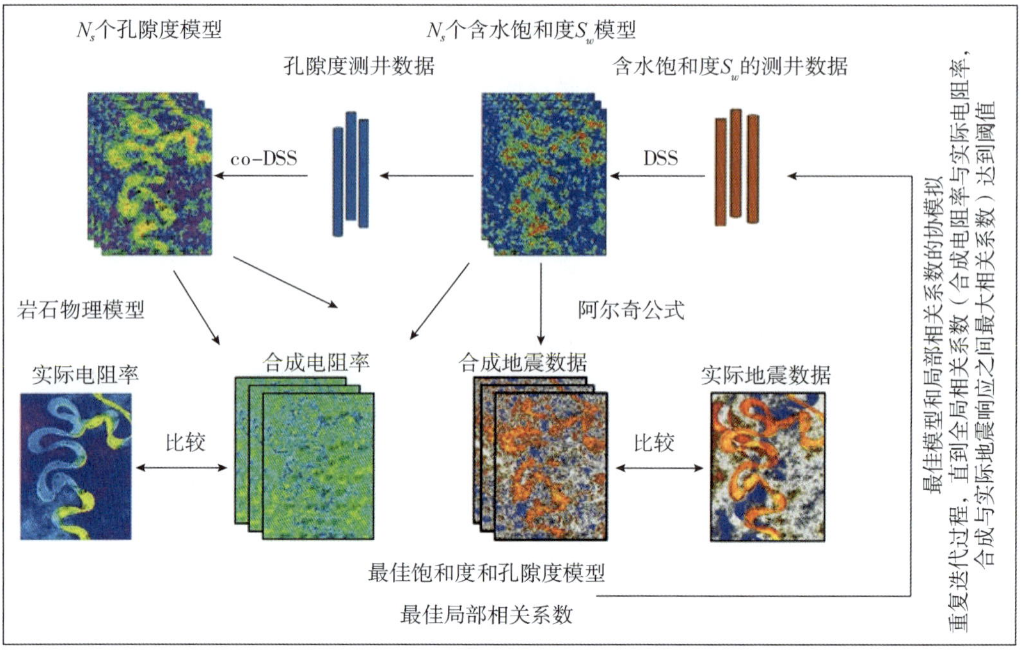

图 6.1　地震和电磁数据地质统计学联合反演工作流程示意图

$$CC_{\text{trace}} = w_1 CC_{\text{seismic}} + w_2 CC_{\text{EM}} \tag{6.3}$$

式中：CC_{trace} 是合成电阻率与实际电阻率、合成与实际地震响应之间的联合逐道相关系数、w_1是地震反射道相关系数（CC_{seismic}）的权重；w_2 是电磁道相关系数（CC_{EM}）的权重。式 6.3 中的权重可以根据每个实际地球物理数据的噪声水平和每类地球物理数据在反演过程中的影响进行调整。

在迭代工作流程中生成的所有岩石物理模型都要在其位置上符合岩心测井数据，复现从测井数据估计得出的 S_w 和孔隙度的边缘概率分布和联合概率分布，并复现变差模型中的空间连续性模式。

合成数据案例应用

我们在斯坦福 VI－E 合成数据集（Lee and Mukerji，2013）上，展示了这种地质统计学同时反演的应用。在此示例中，仅使用原始数据集的 1 层和 2 层。这些层对应非平稳和曲折的河道。

合成数据集包括测量的电阻率和地震反射的三维数据体，以及用来模拟地球物理响应的原始岩石弹性模型（图 6.2）。带有饱和度和孔隙度测井曲线的 32 口井（图 6.2），以及将岩石物理和弹性属性连接起来的岩石物理模型（Lee and Mukerji，2013），作为同时反演的输入数据。储层网格在 i、j 和 k 方向有 150×200×120 个单元。每个单元格的尺寸为 25 m×25 m×1 m，因此储层范围为 3750 m×5000 m。

由于原始电阻率和地震反射数据没有噪声，将非常高垂直分辨率的原始测井数据粗化到储层网格中过程中引入了一些噪声。粗化技术确保了从原始数据估计的均值和方差在粗

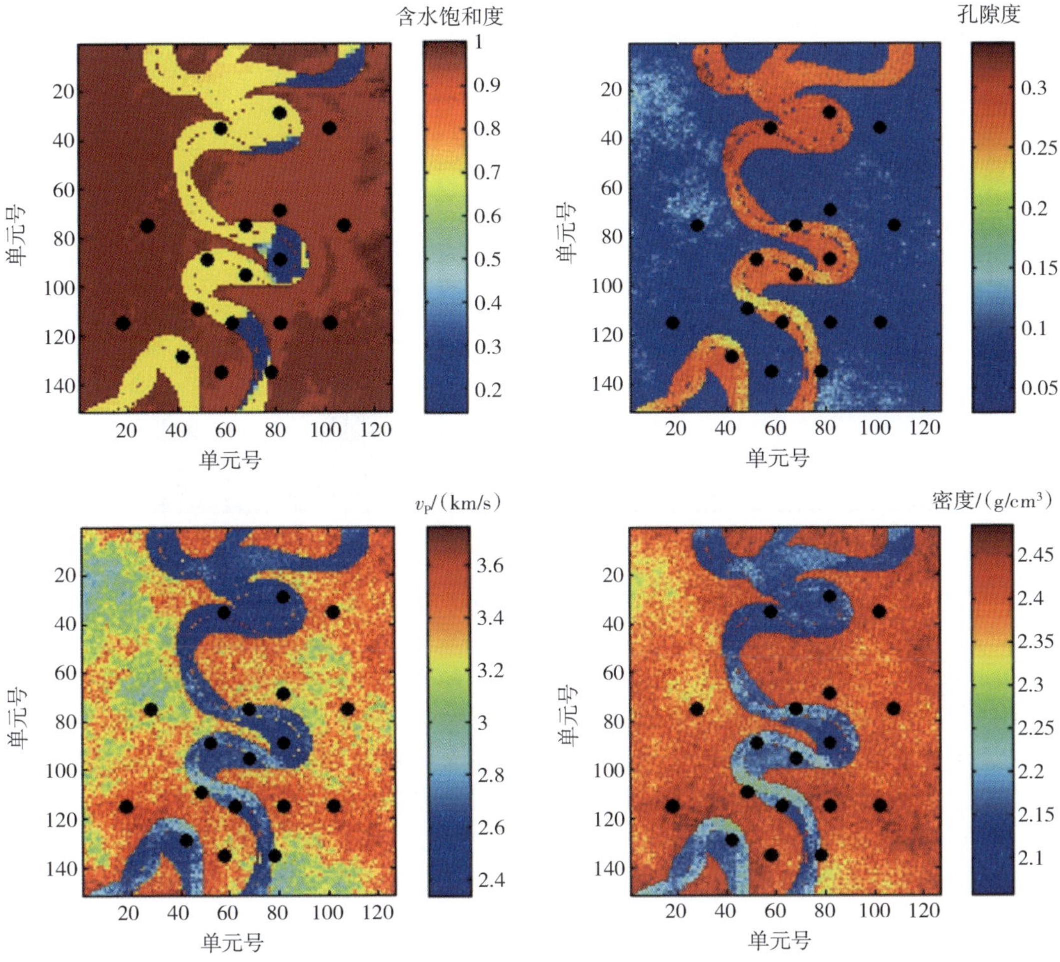

图 6.2　从用于约束反演的测井数据相同深度提取的 S_w、孔隙度、P 波速度和密度的原始三维岩石弹性模型水平切片，井位数据用于约束反演

化后的大单元格中不变(图 6.3)。此外，为了增加这个合成数据示例的复杂性，对 Lee and Mukerji(2013)中描述的原始岩石物理模型进行了简化，简化后的岩石物理模型(表 6.1)用于地质统计学地震反演。原始岩石物理模型应用了固定胶结模型和 Gardener 定律(Mavko et al.，2003)。

表 6.1　用于在迭代地质统计学同时反演中连接弹性和岩石物性的简化岩石物理模型

矿物	分数/%	体积模量/GPa	剪切模量/GPa	密度/(g/cm^3)
石英	0.65	36.6	44	2.65
黏土	0	21	21	2.5
长石	0.2	75.6	75.6	2.63
岩石碎块	0.15	80	80	2.7

注：据 Lee and Mukerji，2013 改编。

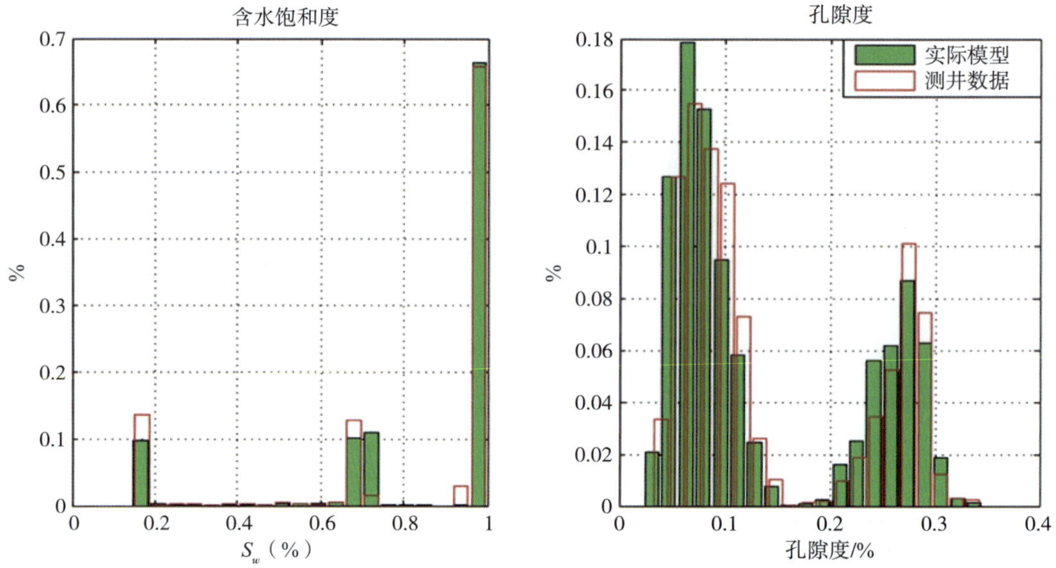

图 6.3　粗化前后原始测井资料对比

由于本例数据是合成的，所以式 6.3 定义的权重都设为 0.5，确保在地质统计学反演过程中两种地球物理数据具有相同的重要性。

与原始合成数据集相比，联合反演工作流程中合成数据的电阻率计算方式也有相当大的差异。原始合成数据集中，砂岩和页岩的真实电阻率分别使用 Archie 定律（Archie 1942）和 Waxman—Smits 方程（1968）计算，而我们在联合反演方法中使用 Archie 定律对整个模型进行简化计算，没有考虑岩相模型（沉积相模型）差异。用于计算合成电阻率的 Archie 参数在表 6.2 中给出。

表 6.2　用作地质统计学联合反演工作流程的 Archie 参数

参数	电阻率系数（a）	胶结指数（m）	饱和指数（n）	盐水电阻率/（Ω・m）
值	1	2	1.8	0.25

注：据 Lee and Mukerji，2013 改编。

这里呈现的结果是经过六次迭代获得的，每次迭代中通过 DSS 和联合概率分布 co—DSS 模拟了 32 对 S_w 和孔隙度模型。整个数据体在迭代结束时，真实电阻率与合成电阻率、真实地震反射数据与合成地震反射数据的平均全局相关系数约为 0.75。

在最后一次迭代期间生成的一组实现中，计算的均值模型会为所有实现产生高度相关的合成地震和合成电磁数据。对于这个案例，在最后一次迭代期间，通过 32 个 S_w 和孔隙度实现产生的合成地震反射和电阻率数据与真实响应具有良好的匹配，即全局相关系数超过 0.7。因此，该迭代期间生成的岩石弹性均值模型仅显示小尺度的变化，并且该均值模型是地质统计过程的一个良好近似。

在最后一次迭代中生成的岩石弹性模型的均值模型与真实模型具有良好的匹配度（图 6.4）。与真实岩石弹性模型相比，在蜿蜒河道中，反演模型显示出更多的不连续性；然而，主要沉积结构的形状和空间位置及它们的空间分布都得到了很好的再现。河道区域内的小尺度变化是该随机反演方法的直接结果。提出的联合反演方法可以获取高分辨率的岩石弹性模型。另外，在河道区域之外，反演的属性值被低估。

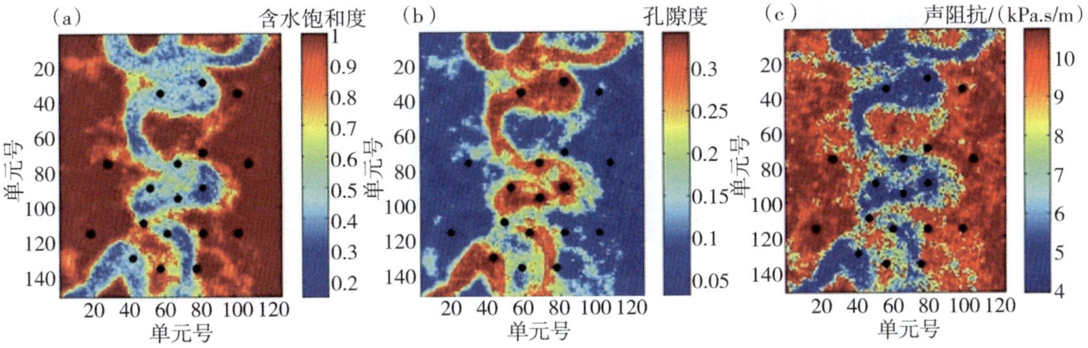

图 6.4　在图 6.2 所示的相同深度处从均值模型中提取的水平切片，该均值模型是根据最后一次迭代期间生成的岩石弹性模型计算的：含水饱和度(a)；孔隙度(b)；声阻抗(c)

最后，均值模型产生的合成电阻率和合成地震响应与真实记录的数据相符(图 6.5)。然而，与电阻率数据相比，地震反射数据的匹配度要高得多。与真实数据相比，河道之外的电阻率值被高估。

需要注意的是，这个合成数据集是高度非平稳的，适用于多点统计的地质统计方法(例如 Strebelle，2002 文献)。然而，在这里，我们使用了基于两点统计的随机序贯模拟算法，提出的地质统计学联合反演方法也成功再现了复杂地质环境的主要空间特征。

关于地震和 CSEM 数据联合反演的说明

即使在这个合成数据集所代表的高度非平稳环境中，所得到的结果似乎也是稳健的。反演得到的含水饱和度、孔隙度和声阻抗(或密度和 P 波速度)模型能够复现从真实模型中解释得出的小尺度和大尺度细节。

通过地质统计学联合反演工作流程，推断出的孔隙度和声阻抗(或 P 波速度和密度)是最准确的岩石弹性属性。另一方面，S_w 属性最不收敛。该结果与预期一致，因为与地震反射数据相比，电磁数据的分辨率较低。

与真实模型相比，岩石弹性模型在河道区域外部的区域收敛速度较慢。我们将属性值的不匹配归因于两个原因：真实三维模型的属性参数分布与粗化后数据的参数分布存在差异；电阻率响应计算中进行了简化。虽然河道内的高电阻区域能够很好地再现出来，但阻抗值存在明显的不匹配(过高估计)。很显然，所提出的方法在计算由 S_w 和孔隙度模型生成的合成电阻率响应时应该包括岩相模型。对模拟合成电阻率响应过程的过度简化，可以测试和评估对不同地球物理数据联合反演方法的性能。

作为迭代地质统计学联合反演方法，每个属性的空间不确定性可以通过计算在反演过程的最后一次迭代中模拟和协模拟的一组岩石弹性模型之间的方差来单独评估(图 6.6)。方差模型的解释表明，孔隙度模型与弯曲河道的位置和空间范围相关，而 S_w 模型与河道

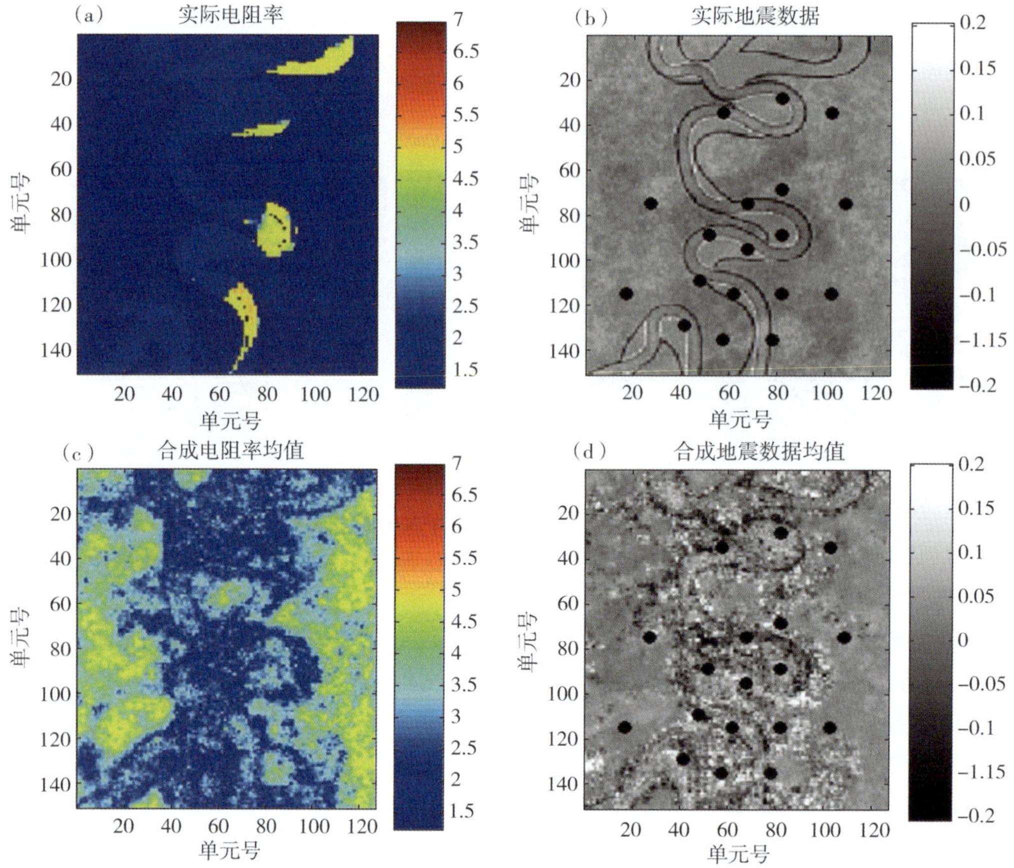

图 6.5　与图 6.2 中显示的相同深度提取的水平切片

(a，b)真实电阻率和地震反射数据；(c，d)由最后一次迭代生成的均值岩石弹性模型计算得出的合成电阻率和合成地震响应

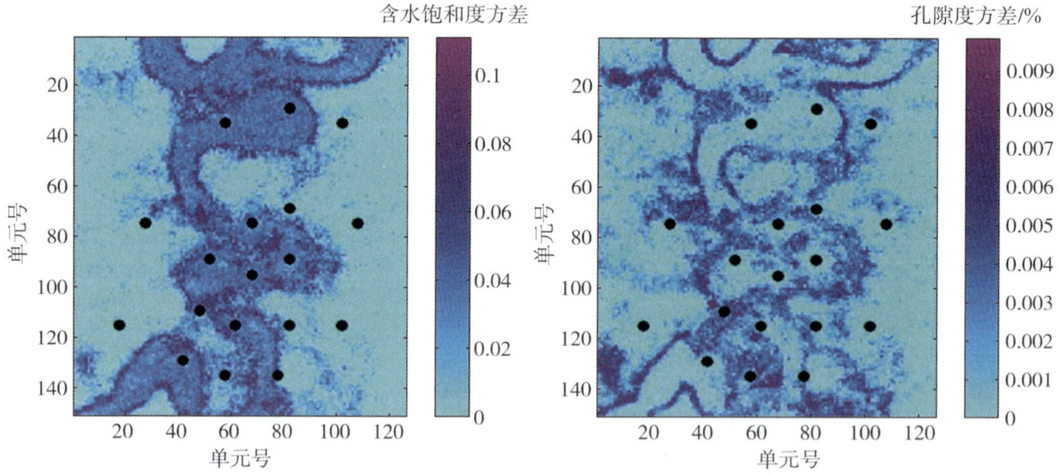

图 6.6　在与图 6.2 所示相同的深度从标准差模型中提取的水平切片，该标准差模型是从最后一次迭代期间生成的岩石弹性模型集合中计算得出的

内部的流体充填相关。这与整合在这种反演方法中的地球物理数据的性质直接相关。地震反射数据直接用于反演孔隙度，并与研究区的位置和地质结构有更强的关系，而电磁数据对地下岩石中的孔隙流体非常敏感。

6.2　动态生产数据的整合：全局反演

在这里，我们面对含烃储层表征中最重要、最困难的挑战：将所有可用的地质、地震反射、测井和生产数据整合到一个连贯的数值储层模型中，以反映地下构造的复杂性和非均质性。

油气行业中传统的储层表征方法仍然是在单独的工作流程中按顺序匹配每种类型的数据。用反演过程获得的地下弹性或岩性模型，来匹配观测到的地震数据。然而，这些模型通常不适用于匹配和预测成熟油田中的生产数据。在这种情况下，为了匹配历史生产数据，反演的岩性弹性模型会被打乱，这个过程通常被称为历史拟合(Hu，2000；Hu et al.，2001；Hoffman and Caers，2005；Caers and Hoffman，2006；Kashib and Srinivasan，2006；Mata - Lima，2008；Oliver et al.，2008；Demyanov et al.，2011；Oliver and Chen，2001)。

历史拟合是另一个反演问题，其中已知的答案(测量到的生产观测值 d)通过非线性函数 g(例如流体流动模拟算法)与未知参数 m 相关：

$$d = g(m) + e \tag{6.4}$$

在历史拟合问题中，我们尝试在稀疏的井位点上匹配储层的响应，但允许对整个储层网格进行修改，而无需其他数据(例如地震数据)的空间约束。在井位点上，局部岩相物性与模型参数之间存在高度非线性的关系。此外，从局部尝试得到的动态响应与整个储层区域上推断的岩相物性之间也存在空间尺度差异。很多历史拟合方法被提出来，通过使用地质统计学方法作为参数表征的驱动过程，来解决这些问题(Hu，2000；Hu et al.，2001；Hoffman and Caers，2005；Caers and Hoffman，2006；Kashib and Srinivasan，2006；Mata - Lima，2008)。基本上，这些方法包括通过随机序贯模拟方法迭代扰动模型参数空间，并通过优化过程以保证达到预期答案，即已知的生产数据。通过调整所推断的储层模型以匹配历史生产数据，这些岩性弹性模型通常在远离井位点的位置偏离观测到的地震反射数据，因为没有约束性的硬数据存在。

下一节介绍传统的地质统计历史拟合方法，如 Mata - Lima(2008)所提出的方法。然后是一种同时将地震反射和生产数据整合到同一历史拟合迭代过程中的方法。需要注意的是，尽管这两个反问题(地震反演和历史拟合)具有不同的物理性质，但它们的参数解空间(储层的模型参数空间)是相同的。

6.2.1　地质统计历史拟合

传统的地质统计历史拟合(Mata - Lima，2008；Caeiro et al.，2015)是一种迭代的地质统计过程，使用随机序贯模拟作为模型扰动技术，使用遗传算法作为迭代过程的全局优化算法。它使用测井数据作为地质统计模拟的试验数据，并使用变差函数模型来描述所建模属性的空间连续性模式。在这个框架内，假设测井数据估算的第一和第二统计矩是稳定的。我们假设所建模属性的空间特征可以通过整个储层网格的变差函数模型来完全描述。对于高度非稳定的地质环境，例如与浊积河道相关的环境，这些假设通常不能满足现实的地质模型；然而，鉴于模型参数空间的扰动技术的简单性，它们可以加速收敛迭代过程。关于非稳定反问题的更多信息，请参阅第 4.3.8 节。

传统地质统计历史拟合方法步骤如下(Mata－Lima，2008)：

1)使用从地震反演程序中得出的辅助模型，根据测井数据为整个储层网格模拟一组岩石物理模型(例如孔隙度和/或渗透率)；

2)对第 1 步生成的每个模型进行流体模拟；

3)将第 2 步中获得的生产数据与实际历史生产数据进行比较；

4)按照井的影响将储层划分为多个区域；

5)对于前一步中考虑的每个区域，选择与该区域的生产数据最匹配的岩石物理模型；

6)将第 5 步中的分区模型作为次要变量，使用随机序贯协模拟生成新的模型集合；

7)反复迭代，直到所有井与观测到的生产数据相匹配。

这类历史拟合算法的主要瓶颈是在流体模拟上花费了大量的计算时间(在整个迭代过程中为每个生成的模型都进行一次模拟)，而且在远离井的网格上缺乏空间约束数据。这些位置上的唯一空间约束是地质统计模拟期间模拟属性的全局累积分布函数和变差函数模型。

6.2.2 历史拟合的迭代全局地震反演

将地震反射数据和生产数据整合到传统地质统计历史拟合中，可以获得更详细和受约束的地下地质模型。虽然细节增加了，但其固有的不确定性降低了。因此，地质统计学地震反演(见第 4.3 节)和地质统计历史拟合是两种不同的反演方法。他们具有相同目标(参数的数值模型)，并且在迭代过程中具有相同的扰动方式(DSS 和联合概率分布 co－DSS)，但他们的解不会相同。本节所提出方法的思想是在迭代过程中同时匹配两个目标函数：合成和真实地震数据之间的匹配，以及历史和模拟生产数据之间的匹配。将地震反射数据整合到地质统计历史拟合工作流程中可以分为两个阶段：岩石弹性模型的随机模拟(正演建模，并与观测到的地震和生产数据进行比较，图 6.7)，以及根据当前迭代中模拟的岩石弹性集合选择下一次迭代的约束数据(图 6.8)。

这种同时反演过程的第一阶段可以进一步分为两个并行进行的过程：叠后地震数据的地质统计学地震反演(如第 4.4.3 节中所述)和流体模拟并与观测数据进行比较(图 6.7)。

首先，执行全局地质统计学声阻抗反演，如第 4.3.4 节中所述。对于每个模拟的声阻抗模型，通过使用联合概率分布随机序贯协模拟来生成 N_s 个孔隙度模型，然后根据相同的方法得出 N_s 个渗透率分布模型。通过这种方式，在模拟和协模拟模型之间能够保持测井数据中获取的岩石弹性属性之间的关系。

从 N_s 个声波阻抗模型集合中，计算出 N_s 个叠后合成地震数据体。然后，将每个合成数据体与真实地震数据进行逐道相关系数比较。这些相关系数可以被视为合成数据与真

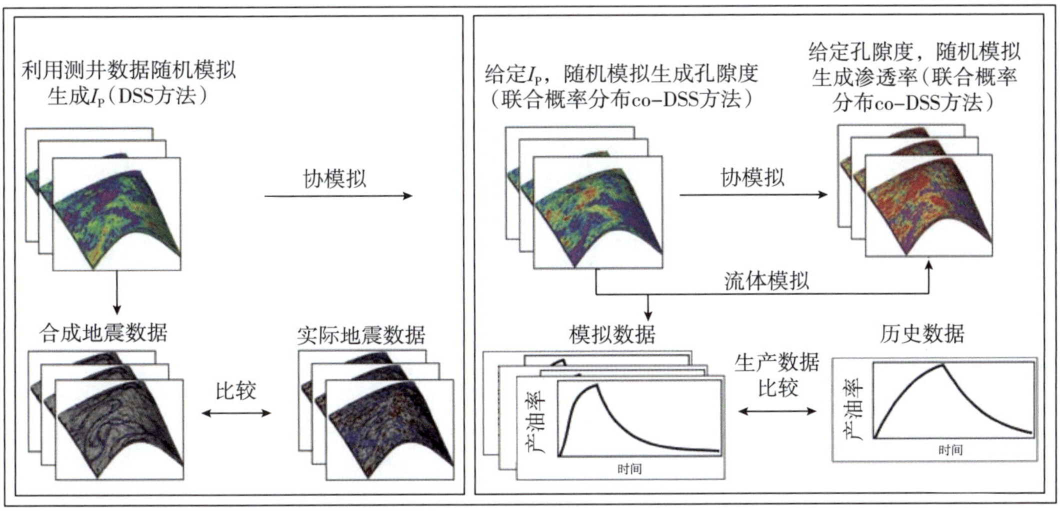

图 6.7　基于地震反演的地质统计历史拟合的第一阶段示意图

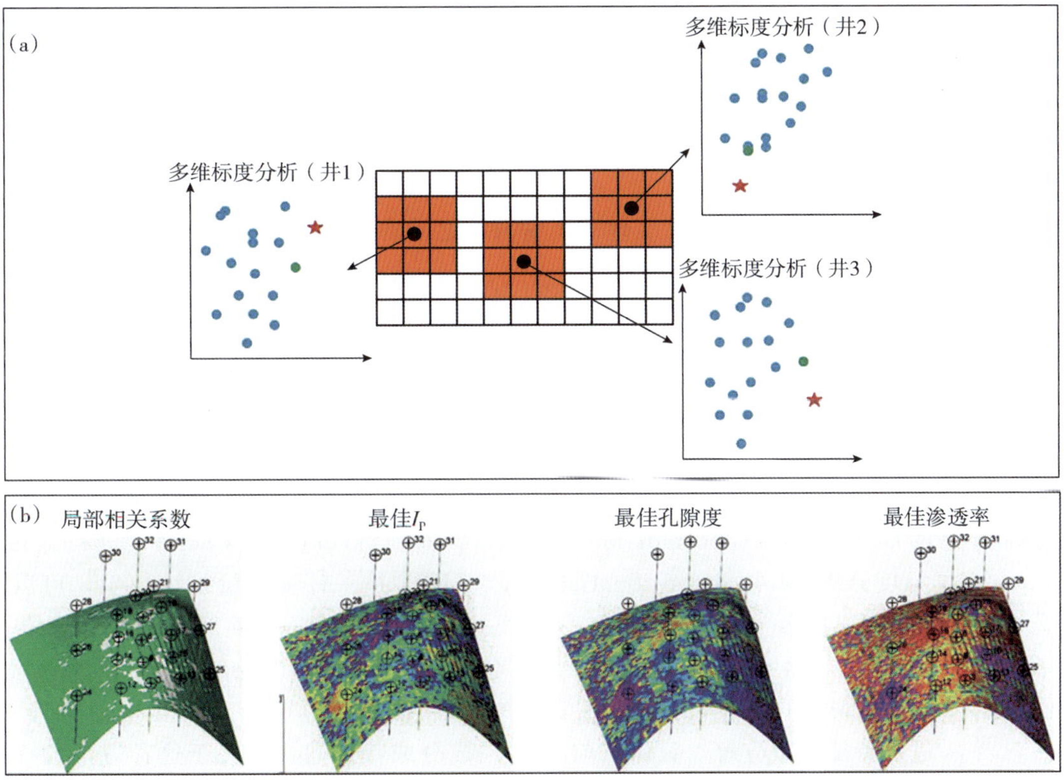

图 6.8　3 口井的多维标度分析图(a)，每口井有 16 个模型(蓝色圆圈)。每口井的影响区域在二维网格中用橙色表示。绿色圆圈表示与模拟和观测生产数据最匹配的模型，并用于填充相应的影响区域中的最佳局部相关性数据体和最佳属性数据体。声波阻抗、孔隙度和渗透率的最佳局部相关性数据体和最佳属性数据体(b)。在影响区域之外的网格单元格中，填充了与地震数据最相关的模型

实或记录的地震数据的偏差：

$$e_s^l = (A^l - A_r),\ l = 1,\ \cdots,\ N_s \tag{6.5}$$

式中：A^l 是合成地震数据；A_r 是真实地震数据。

在进行地震正演建模的同时，使用 N_s 对孔隙度和渗透率模型作为流体流动模拟软件(如 Eclipse，T—Navigator)的输入。根据流体流动模拟，我们获得所关注变量(例如油和水的生产)的 N_s 个生产曲线。根据历史拟合的目标(例如总产量或井生产率)，将模拟的响应与相应的历史生产数据(观测数据)进行比较。对于每个模拟的生产曲线，可以根据式 6.6 计算出与观测到的历史生产数据之间的偏差：

$$e_d^l = (d^l - d_r),\ l = 1,\ \cdots,\ N_s \tag{6.6}$$

式中：d^l 是合成的生产曲线；d_r 是历史生产数据。

在这个阶段，我们可以评估合成和真实地震反射数据之间的不匹配度(式 6.5)以及模拟流体流动生产数据与真实历史生产数据之间的偏差(式 6.6)。

所提出迭代方法的第二步是在给定迭代次数结束时选择最佳的声学阻抗、孔隙度和渗透率模型以及最佳的局部相关系数。这些将用作下一次迭代过程中生成新模型的"种子"，即在新岩石弹性性质的协模拟中的次要变量。将局部观测和合成数据之间最佳匹配的模型，拼贴成新的模型，同时考虑生产和地震反射数据。所提出的方法基于以下原理：

对于接近井位置的单元格，生产数据的不匹配在选择下一次迭代的最佳模型时将占主导地位；

远离井的影响区域，合成和真实地震反射数据之间的不匹配将对选择下一次迭代的最佳模型产生影响。

可以基于井或从先前反演模型推断出的岩相模型，通过统计算法(例如 Voronoi 多边形)，对影响区域进行选择。

6.2.3 岩石弹性模型的选择

填充每口井影响区域的岩石弹性模型是在绘制模拟产量与实际产量的多维标度分析图中进行选择的(Cox，1994；Scheidt and Caers，2008；Suzuki and Caers，2008；Caers 2011)。多维标度分析(Multidimensional scaling，MDS)是一种多变量统计技术，可以在少数维度中基于距离揭示一组多维模型之间的模式(Caers，2011)。简而言之，MDS 将一个不相似性矩阵(D)转换为点，然后在笛卡尔空间(MDS 空间)中绘制这些点(Borg and Groenen，1997；Cox，1994；Caers，2011)。矩阵 D 首先通过标量乘积转换为矩阵 A。然后，对 A 进行特征向量分解，只保留前 d 个主成分或特征向量。关于这种方法的详细数学描述可参见 Cox(1994)和 Caers(2011)。

在度量空间中，即 MDS 空间本身，几个模拟模型或其动态响应之间的相对位置，直接与这些模型本身或动态响应之间的相似性相关。在该空间中，相似模型将被绘制在一个集群中，而不同模型绘制时则在他们之间具有更大的距离。

MDS 过程中的一个重要步骤是选择用于构建不相似性矩阵 D 的距离。为了确保模型集在 MDS 空间中能良好地分离，该距离应反映处理的数据类型。如果目标是区分形状不同的地质体模型（例如不同的河道系统），则 Hausdorff 距离可能比较适合（Scheidt and Caers，2008；Suzuki and Caers，2008）。基于相关性的距离适合区分不同的时间信号，如地震反射数据。对于历史拟合的地质统计学地震反演，我们计算每口井的每个模拟产量曲线与其相应的实际曲线之间的欧氏距离。

在为每个单独的井计算完距离矩阵 D 之后，所有模拟响应和历史数据将在 MDS 空间中绘制（图 6.8）。然后，在相应的度量空间中，为了建立特定井的影响区域内最佳声波阻抗、孔隙度和渗透率模型，将选择与观测产量数据最接近的岩石弹性模型。选择的弹性模型和实际地震数据生成的局部相关系数存储在局部相关数据体中。

在井的影响区域之外的其他区域，按照第 3 章中介绍的地质统计学地震反演方法，根据与记录的地震数据的匹配度选择模型。

地质统计学反演迭代过程不断生成新的岩石弹性模型，将最佳声波阻抗、孔隙度和渗透率模型作为次要变量，与最佳局部相关性数据体一起进行协模拟。当合成地震体与实际地震数据之间的全局相关系数超过一定阈值时，认为反演完成。该同时反演方法可以总结如下（图 6.9）：

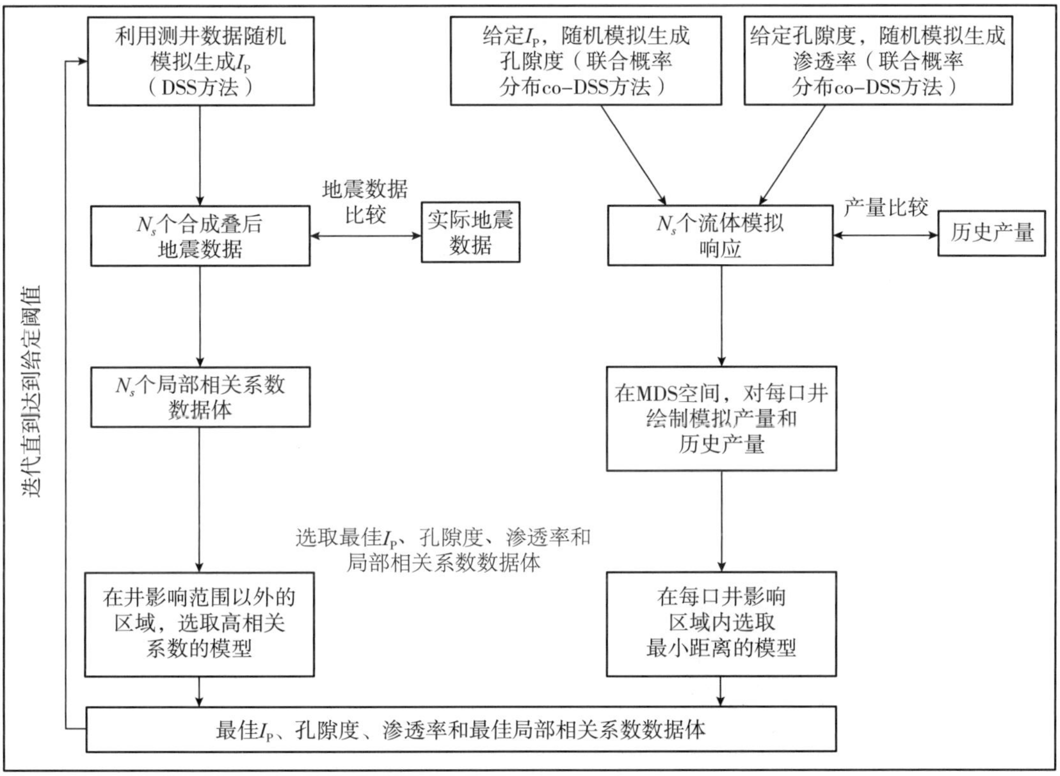

图 6.9　用于历史拟合的迭代地质统计学地震反演流程示意图

1）使用 DSS 方法对 N_s 个声波阻抗模型进行随机序贯模拟。

2）使用步骤 1 中模拟的模型作为次要变量，使用联合概率分布 co－DSS 对 N_s 个孔隙度模型进行随机序贯协模拟。

3)使用步骤 2 中模拟的模型作为次要变量，使用联合概率分布 co—DSS 对 N_s 个渗透率模型进行随机序贯协模拟。

4)对于步骤 1 中模拟的每个模型，计算 N_s 个合成地震数据体，并逐道与实际地震数据进行比较。

5)针对步骤 2 和 3 中的每对孔隙度和渗透率，计算相应的流体流动模拟，并将得到的动态响应与历史产量数据进行比较。

6)在 MDS 空间中对每口井单独绘制模拟和实际产量曲线。

7)从步骤 1、2 和 3 中的模拟模型组合出新的最佳声波阻抗、孔隙度和渗透率模型。在井的周围位置从步骤 6 中选择与观测产量数据最接近的模型。在远离井影响范围的区域，选择产生的合成地震数据与真实地震数据最匹配的模型。

8)基于全局遗传算法，使用步骤 7 中创建的“最佳”模型作为次要变量，使用协模拟方法扰动模型参数。返回步骤 1 并进行迭代，直到实际地震数据与合成地震数据之间的全局相关系数超过一定阈值。

作为一种地质统计学方法，每次迭代期间创建的所有模拟模型都可以复现由测井数据估计的反演属性(声波阻抗、孔隙度和渗透率)的概率分布，声波阻抗与孔隙度之间和孔隙度与渗透率之间的联合分布，变差函数模型所表征的空间连续性模式，以及在井位置处的测井值。

反演的岩石弹性模型能够同时匹配观测到的地震和历史产量数据。所提出的方法在相同的解空间内，即模型参数空间，解决了两个不同的高度非线性反问题。从得到的一组反演模型中，还可以评估每个属性的个体空间不确定性，以便进行更好的风险评估。

地质统计历史拟合方法面临的主要瓶颈是，每次迭代中都要进行 N_s 个流体流动模拟，计算成本太大。为此，在中等到大型油藏模型中，可以采用多尺度方法(Marques 等，2015)在较粗的油藏网格中进行流体流动模拟。这些替代方案很容易与迭代地质统计历史拟合的地震反演方法相结合。

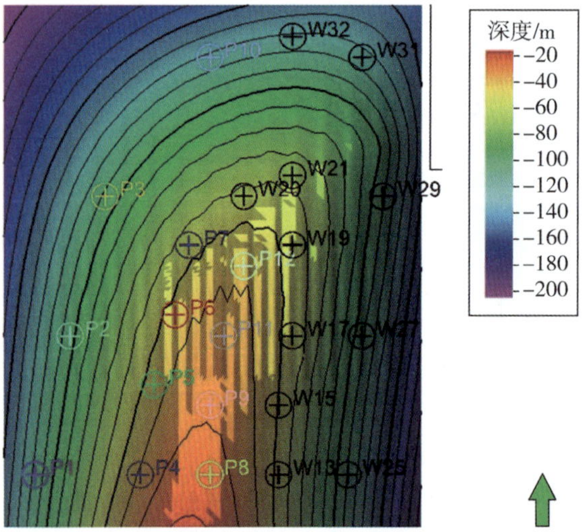

图 6.10　可用的井及其在研究区域内的位置。彩色井用于约束地质统计学反演，而黑色井仅用作盲测。图中还显示了储层顶面

6.2.4　合成数据的案例应用

在本节中，我们将展示上述两种方法在 Stanford VI 合成油藏(SVI)一部分数据上的应用(SVI；Castro et al.，2005)。从 SVI 的第 2 层，分别在 i、j 和 k 方向上，选择了一个 60×75×20 个网格单元区域(图 6.10)。原始的油藏网格粗化为一个更粗的网格，网格尺寸为 50 m×50 m×2 m，以加快流体流动的模拟速

度。粗化过程确保了岩石弹性模型的原始空间分布及其分布函数能够复现。23 口井中仅有 12 口井被用作地质统计历史拟合和地震反演的约束条件(图 6.10)。剩余的井没有在反演过程的任何环节中使用，以专门用于井位置处的盲测。剩下的数据集包括声波阻抗、孔隙度和渗透率的真实三维模型(图 6.11)，以及无噪音的全叠加地震数据体(图 6.12)。

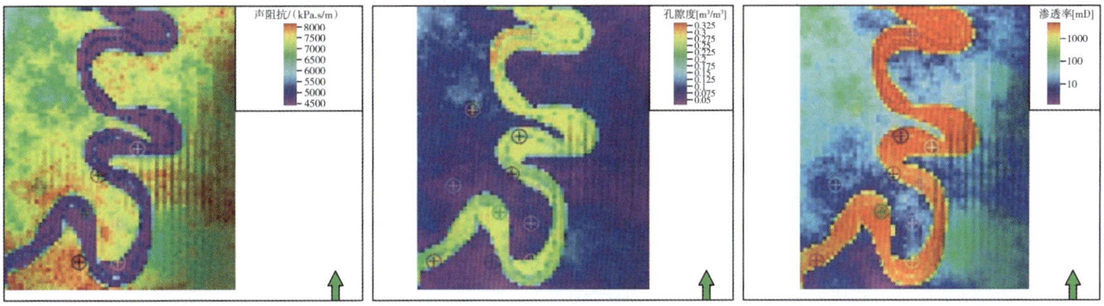

图 6.11　从真实的三维岩石弹性模型中提取的水平切片

左起：声阻抗、孔隙度和渗透率

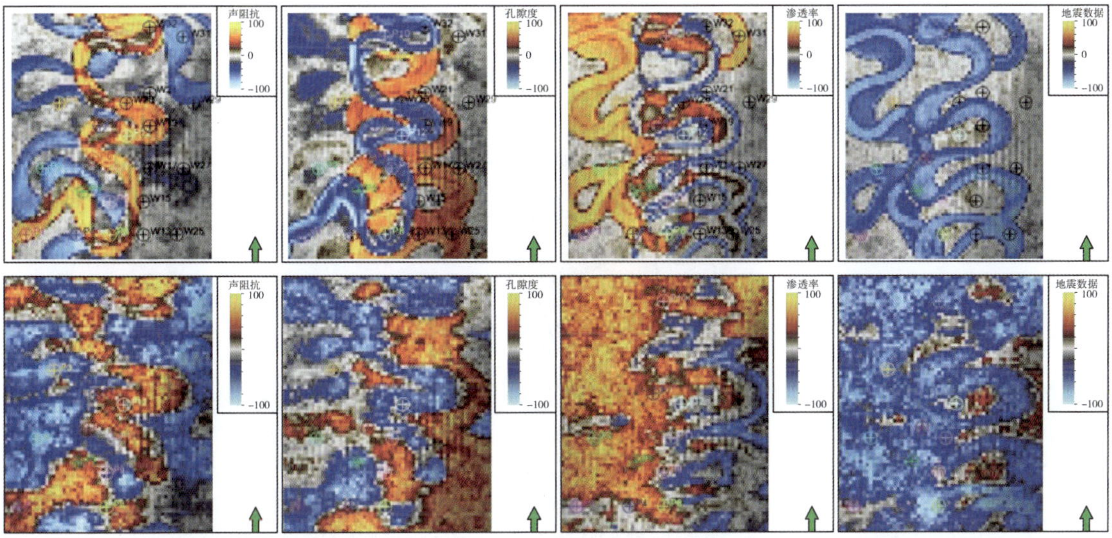

图 6.12　不同深度的地质统计学反演结束时，从(顶部)真实地震数据和(底部)最佳拟合合成地震数据中提取的水平切片。反演的地震数据对原始数据中存在的沉积体进行了很好的再现

结构上，SVI 油藏是一个简单的非对称斜褶皱，走向为 N15°E。SVI 数据集的第 2 层包括不同尺度的蜿蜒河道，含有四种相类型：洪泛平原、点状河滩、河道和边界(Castro et al.，2005)。在油藏建模中再现这样一个非平稳的沉积环境，对于任何基于两点地质统计的地质统计学反演方法都是一个挑战。许多蜿蜒河道的形状和厚度在真实的岩石弹性模型中有很大的变化(图 6.11，图 6.12)，成功的反演需要确保在尺寸和空间分布方面再现这些河道。

最后，使用 Eclipse® (Schlumberger)或 T－Navigator(RFD)等流体流动模拟软件对原始石油物理模型进行模拟，以产生用于历史拟合问题的历史数据。该油藏大约生产了三年。模拟目标是每个单独井的井底压力(BHP)。当达到最小 BHP 值时关井。还对每口井施加了产油率(OPR)约束。初始油藏条件设置为，在三年期间不是所有 12 口井同时产油。对于测试地震数据融入历史拟合的性能和效率，初始油藏条件的固有参数不是一个重要方面。

在这个特定的例子中，地质统计历史拟合被地震反演所约束，真实地震数据和合成地震数据之间的全局相关系数为 0.81。在 16 个模型集合的条件下，经过 6 次迭代的模拟和协模拟，达到了收敛。具有最高相关系数的合成地震数据与真实地震数据中观察到的主要地震反射相匹配(图 6.12)。两种数据的整合使得非平稳河道的模式以及形状和厚度的高变异性都得到再现。

产生的声波阻抗、孔隙度和渗透率的反演模型(图 6.16～图 6.18)对真实模型进行了非常好的复现。反演模型能够复现小尺度和大尺度的非平稳模式。值得注意的是，迭代过程中，反演模型的演化也很有趣(图 6.13～图 6.15)。在第一次迭代中，模拟模型只受到测井数据的限制，因此无法复现曲流河道结构。经过第一次迭代后，反演的岩石弹性模型开始受到真实地震和历史生产数据的约束，从而开始复现从真实岩石弹性模型中解释出的主要沉积特征。

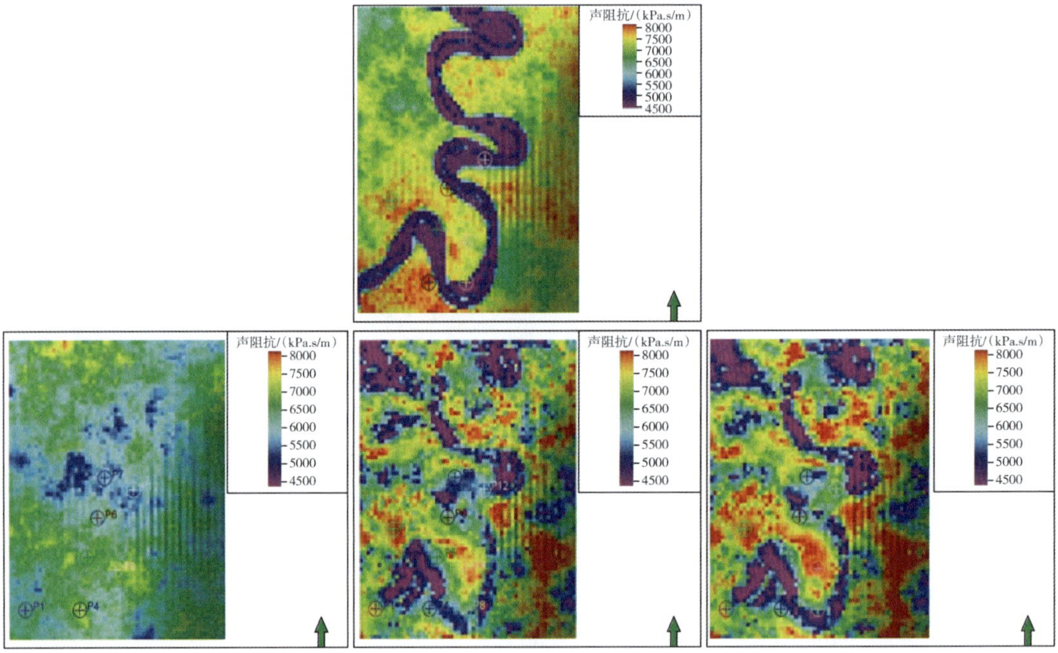

图 6.13　提取自真实声阻抗模型水平切片(顶部)和模拟得到的平均声阻抗模型的水平切片(底部)：从左到右，分别是迭代 1、迭代 3 和迭代 6 次

除了反演的岩石弹性模型和合成地震数据之外，还需要评估在迭代地质统计过程后获得的每个收敛模型的生产响应。通过对反演的渗透率和孔隙度模型进行流体流动模拟，并与合成和真实地震反射数据之间的最高全局相关系数相关联，得到的每口井的生产曲线与历史生产数据非常匹配(图 6.16～图 6.18)。通常情况下，OPR 和 BHP 的历史拟合要优

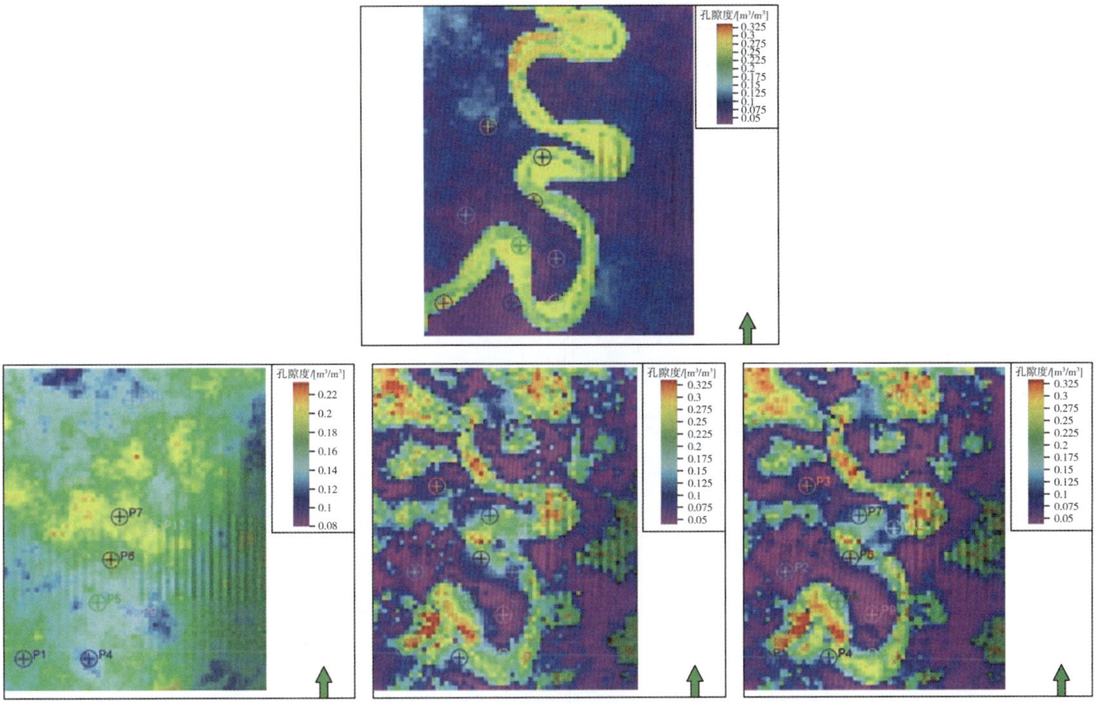

图 6.14　提取自真实孔隙度模型水平切片(顶部)和模拟得到的平均孔隙度模型的水平切片(底部)：从左到右，分别是迭代 1、迭代 3 和迭代 6 次

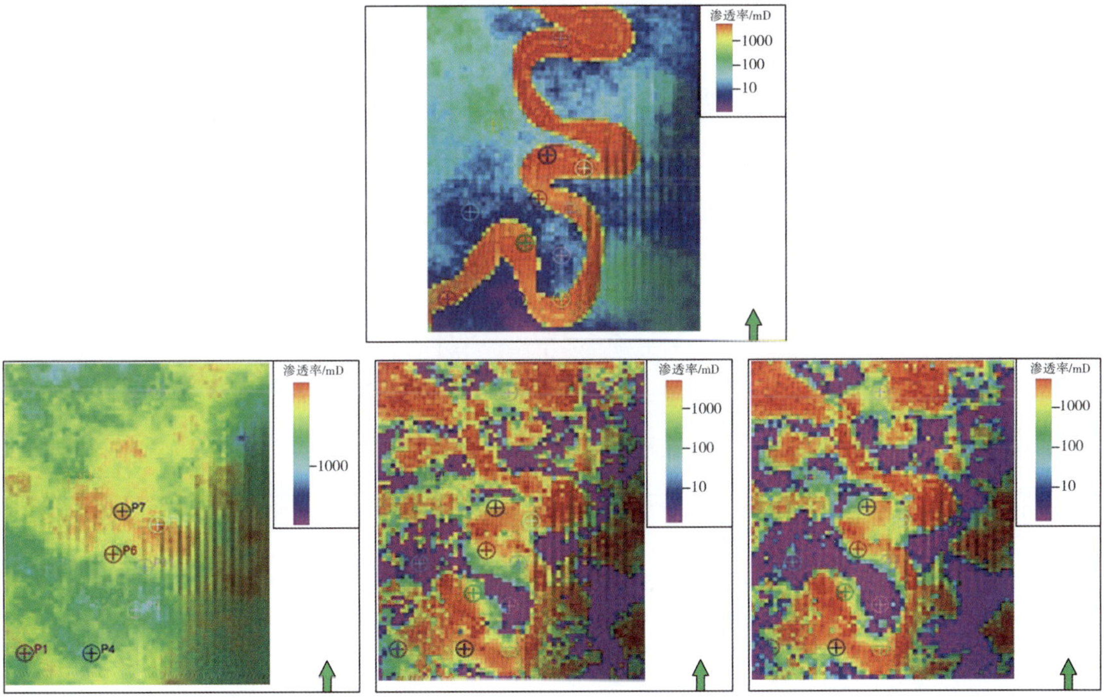

图 6.15　提取自真实渗透率模型水平切片(顶部)和模拟得到的平均渗透率模型的水平切片(底部)：从左到右，分别是迭代 1、迭代 3 和迭代 6 次

于产水率。在产水率方面，匹配最差的井是 P3。值得注意的是，在迭代反演过程中，最佳匹配(在图 6.16～图 6.18 中以红色绘制)的岩石弹性模型在真实地震和合成地震数据之间具有最大的全局相关系数。实际上，对于大多数井来说，这些最佳匹配模型也是模拟岩石弹性模型与历史数据之间的最佳匹配。

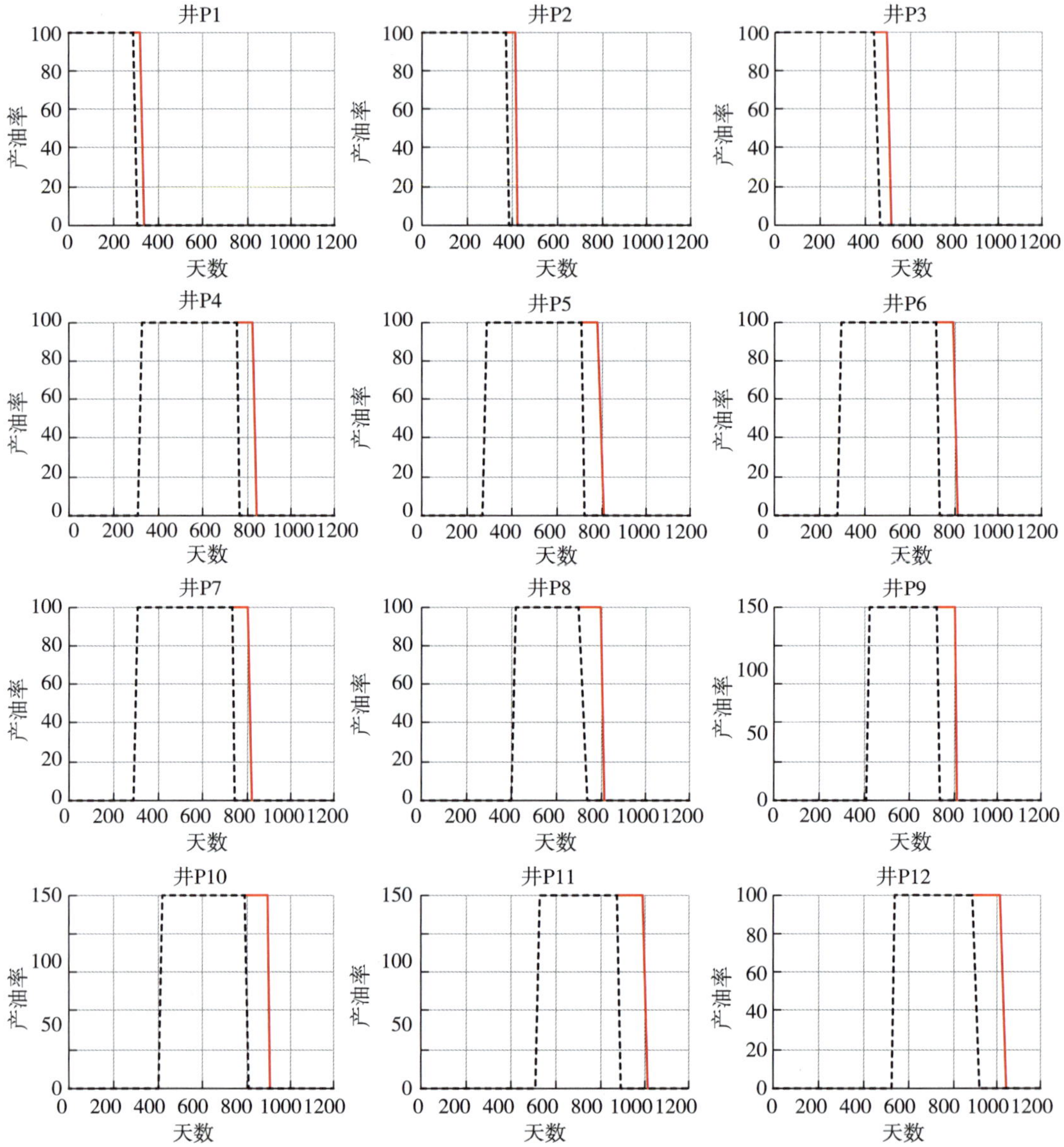

图 6.16　在三年生产期内，每口井的最佳拟合反演模型的 OPR 曲线

黑色虚线曲线是历史生产数据；红色虚线对应于最佳拟合反演模型的响应；在最后一次迭代期间模拟的所有模型的流体流动响应绘制在粗红线后面

如图 6.13～图 6.15 所示，最佳匹配的反演岩石弹性模型可以复现从真实岩石弹性模型中解释出的小尺度和大尺度结构。反演岩石弹性模型对与曲流河道非平稳模式的再现令

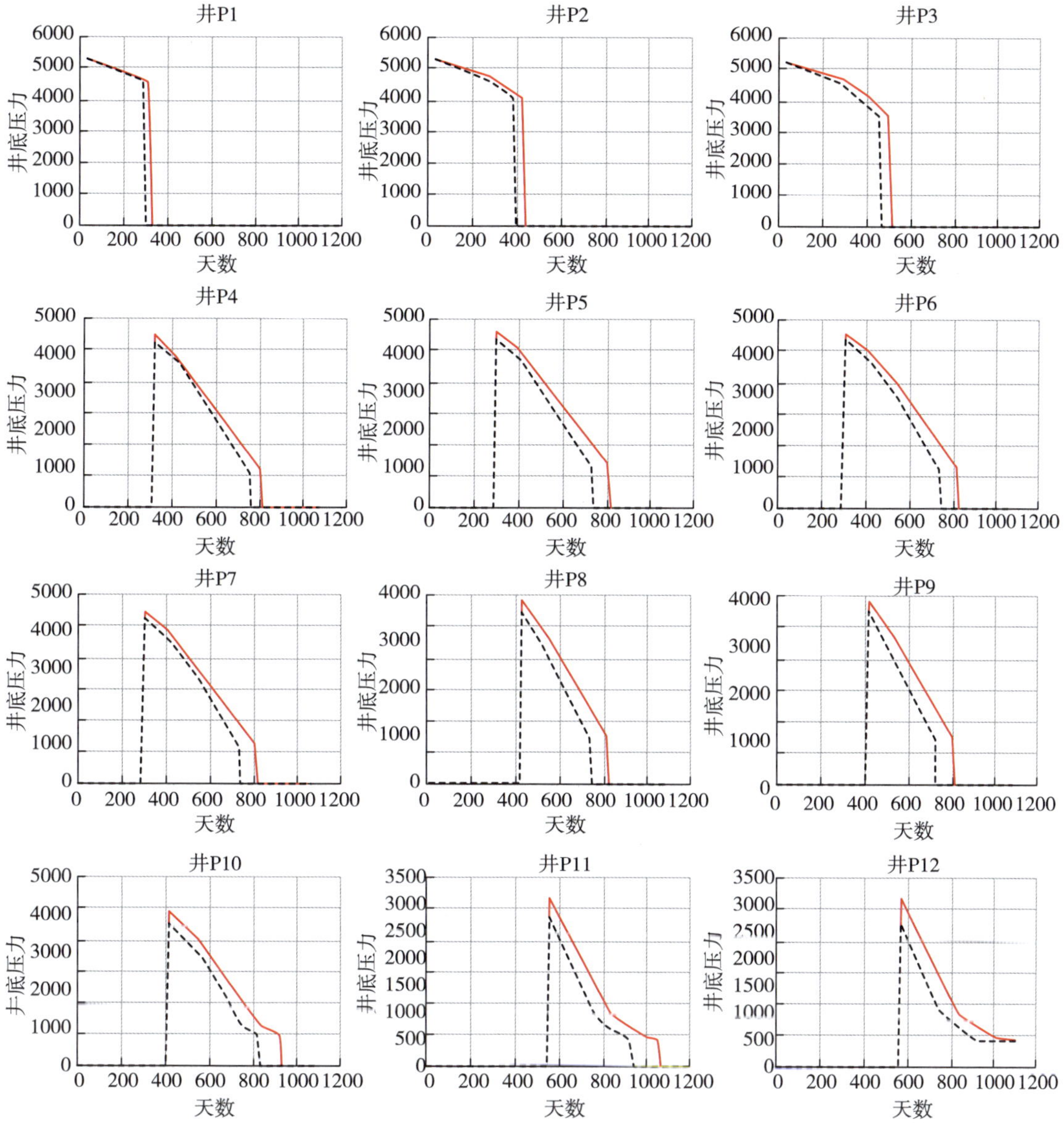

图 6.17 三年生产期内，每口井的最佳拟合反演模型的 BHP 曲线

黑色虚线曲线是历史生产数据；红色虚线对应于最佳拟合反演模型的响应；在最后一次迭代期间模拟的所有模型的流体流动响应绘制在粗红线后面

人惊讶。除了空间模式的再现之外，反演岩石弹性模型还能够复现真实属性的数值。为了评估反演模型的局部收敛性，我们将反演模型与没有用于约束反演的井位的实际岩石弹性模型进行比较(图 6.19)。反演模型对于原始声波阻抗、孔隙度和渗透率的再现非常好，即使是在远离主要井、受实验数据约束较少的位置，例如 W31 和 W25 井。

为了揭示将动态生产数据整合到同一个反演过程中的重要性，我们展示了传统地质统计历史拟合(Mata - Lima，2008；见第 6.2.1 节)技术在该示例应用效果。

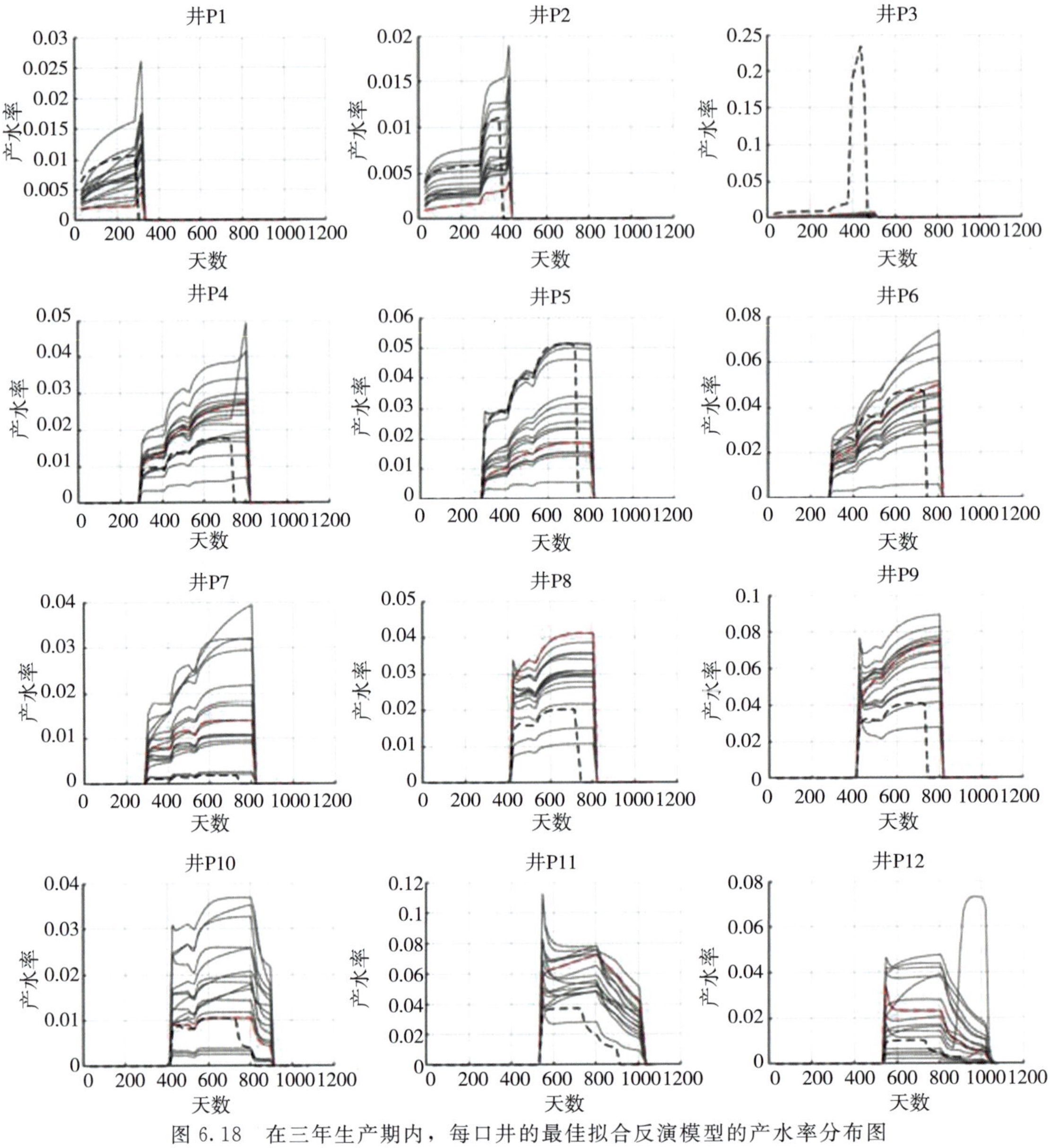

图 6.18　在三年生产期内，每口井的最佳拟合反演模型的产水率分布图

黑色虚线曲线是历史生产数据；红色虚线对应最佳拟合反演模型的响应；灰色细线对应最后一次迭代期间模拟的所有模型的流体流动响应

图 6.20 显示了传统迭代地质统计历史拟合方法经过六次迭代后最佳匹配孔隙度和渗透率模型中提取的水平切片。这个例子的参数设置与整合地震反射数据的历史拟合方法的设置相同。很明显，传统地质统计历史拟合方法无法仅通过测井和生产数据来复现河道特征。这主要是由于生产区域缺乏空间约束。在历史拟合过程中引入地震反射数据可以填补这一空白，从而得到更可靠的岩性模型。

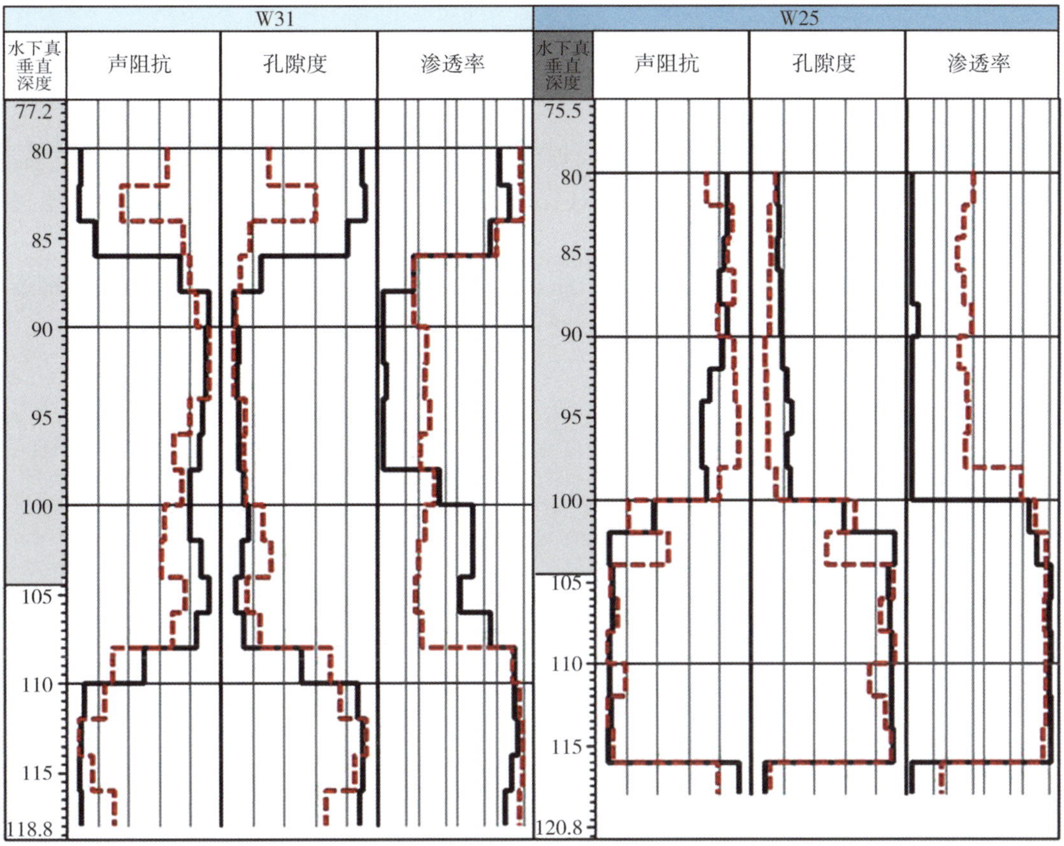

图 6.19　W31、W25 井盲井测试(位置见图 6.14)

反演模型(红色虚线)与这些位置处的真实模型(黑色实线)非常匹配。从左起：声阻抗、孔隙度和渗透率。对于声阻抗和孔隙度的拟合特别好

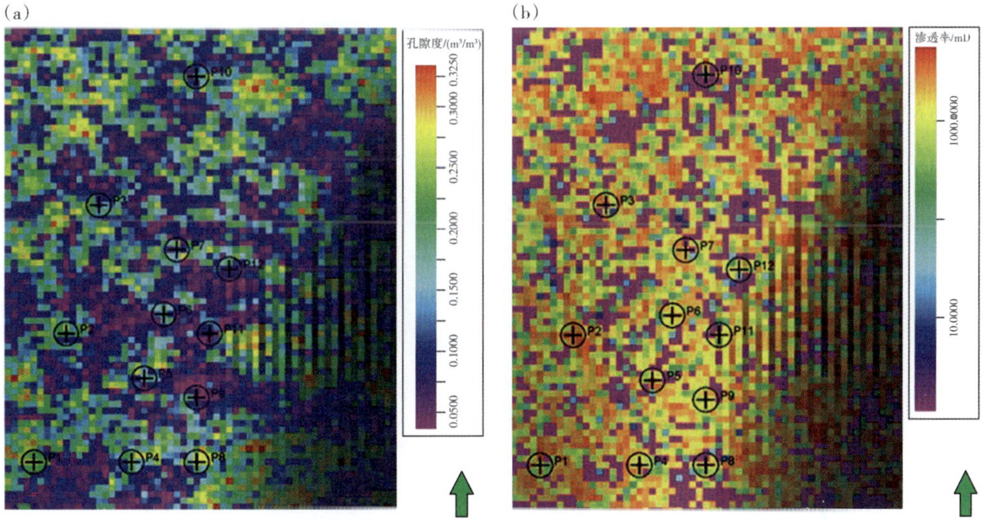

图 6.20　传统地质统计学历史拟合得到的最佳拟合反演模型中提取的孔隙度水平切片(a)和渗透率水平切片(b)

6.2.5 评价

在传统地质统计历史拟合中使用两点统计(如变差函数)来复现生产数据通常无法复现非平稳的河道结构。多点统计结合适当的训练图像，能够复现这些结构的真实地质模型，但通常无法整合生产数据。因为在迭代过程中很难在保持河道特征的同时，对模型进行扰动。

这种将地震反射数据整合到历史拟合中的方法是一种有效和有前景的方法。既能复现生产数据，也能复现地震反射数据解释的河道结构等主要地质特征。

后　记

这本书旨在弥补传统地质统计学方法和反演流程之间的空白，用于储层建模和表征，以及在建模工作中整合不同数据。本书首先回顾了随机序贯模拟的内容。这里介绍的地质统计学反演方法，对于每天进行储层建模的学生和地球科学家而言，可以作为首选方法。

我们希望能激发人们的好奇心，从事进一步的研究，并致力于重要领域(从岩石物理学到油藏工程)的新发展。我们相信，新的和具有挑战性的环境，如深海，需要综合多学科的方法，结合不同的科学领域的知识。此外，由于其复杂性，我们永远不能忘记，不确定性总是存在于从数据处理到建模和表征的每一个阶段。这种不确定性应在所有阶段进行评估，并纳入整个生产链。改进的不确定性评估能够帮助更好的决策，风险更小，成功率更高。我们希望，这里提出的方法可以帮助实现这一目标。

参考文献

Abrahamsen, P., Hauge, R., Kolbjornsen, O. (Eds.). 2012. Geostatistics Oslo 2012. Netherlands: Springer.

Alabert, F. G. 1987. Stochastic imaging of spatial distributions using hard and soft information(MSc Thesis). Stanford University, CA.

Almeida, A. S., Journel, A. G. 1994. Joint simulation of multiple variables with a Markov - type coregionalization model. Math Geology, 26, 565 - 588.

Anderson, T. W. 1984. An introduction to multivariate statistical analysis. London: Wiley Inc.

Armstrong M. (Ed.). 1989. Geostatistics(Vol. 1 and 2). Dordrecht: Kluwer Academic Publishers.

Armstrong, M., & Dowd, P. (Eds.). 1994. Geostatistical simulations. In Proceedings of a workshop, Fontainebleau, France, May 27 - 28, 1993. Kluwer Academic Press, Dordrecht, Holland.

Archie, G. E. 1942. The electrical resistivity log as an aid in determining some reservoir characteristics. Petroleum Transactions of AIME, 146, 54 - 62.

Arpat, G., Caers, J. 2007. Conditional simulation with patterns. Mathematical Geology, 39(2), 177 - 203.

Avseth, P., Mukerji, T., Mavko, G. 2005. Quantitative seismic interpretation. Cambridge: Cambridge University Press.

Azevedo, L., Soares, A. 2014. Geostatistical joint inversion of seismic and electromagnetic data. Geosciencias Aplicadas LatinoAmerica, 1, 45 - 52.

Azevedo, L., Nunes, R., Soares, A., Neto, G. S. 2013. Stochastic seismic AVO inversion. In75th EAGE Conference & Exhibition, June 2013: 10 - 13.

Azevedo, L., Nunes, R., Soares, A., et al. 2015. Integration of well data into geostatistical seismic amplitude variation with angle inversion for facies estimation. Geophysics, 80(6), M113 - M128.

Baafi, E. Y., Schofield, N. A. (Eds.). 1997. Geostatis tics Wollongong' 96(Vol. 1 and 2). Dordrecht: Kluwer Academic Publishers.

Borg, I., Groenen, G. 1997. Modern multidimensional scaling: Theory and applications. Netherlands, New York: Springer.

Borgman, L., Taheri, M., Hagan, R. 1984. Three - dimensional, frequency - domain simulations of geological variables. In G. Verly, M. David, A. G. Journel, A. Marechal(Eds.), Geostatistics for natural resources characterization, Dordrecht, Holland: D. Reidel Publishing.

Bortoli, L. J., Alabert, F., Haas, A., et al. 1993. Constraining stochastic images to seismic data. In A. Soares(Ed.), Geostatistics Troia'92(pp. 325 - 337). Dordrecht: Kluwer.

Bosch, M., Mukerji, T., González, E. F. 2010. Seismic inversion for reservoir properties combining statistical rock physics and geostatistics: A review. Geophysics 75 (5): 75A165. doi: 10. 1190/1. 3478209.

Boschetti, F., Dentith, M. C., List, R. D. 1996. Inversion of seismic refraction data using genetic algorithms. Geophysics, 61(6)(November), 1715 - 1727. doi: 10. 1190/1. 1444089.

Boucher, A., Dimitrakopoulos, R. 2007. Block simulation of multiple correlated variables. Mathematical Geosciences, 41(2), 215 - 237.

Bourgault, G., Marcotte, D. 1991. Multivarite variogram and its application to the linear model of coregionalization. Mathematical Geology, 23(7), 899 - 928.

Buland, A., Omre, H. 2003. Bayesian linearized AVO inversion. Geophysics, 68(1), 185 - 198.

Buland, A., El Ouair, Y. 2006. Bayesian time - lapse inversion. Geophysics 71(3): R43 - R48. doi: 10. 1190/1. 2196874.

Caeiro, M. H., Demyanov, V., Soares, A. 2015. Optimized history matching with direct sequential image transforming for non - stationary reservoirs. Mathematical Geosciences. doi: 10. 1007/s11004 - 015 - 9591 - 0

Caers, J. 2011. Modeling uncertainty in earth sciences. UK: Wiley - Blackwell.

Caers, J., Hoffman, T. 2006. The probability perturbation method: A new look at Bayesian inverse modelling. Mathematical Geology, 38(1), 81 - 100.

Caetano, H. 2009. Integration of seismic information in reservoir models: Global stochastic inversion (Ph. D. Thesis). Instituto Superior Técnico, Universidade Técnica de Lisboa, Portugal.

Castagna, J. P., Backus, M. (Eds.). 1993. Offset - dependent reflectivity—theory and practice of avo analysis. Investigations in geophysics, no. 8. Tulsa: Society of Exploration Geophysicists.

Castagna, J. P., Swan, H. W. 1997. Principles of AVO crossplotting. The Leading Edge, 17, 337 - 342.

Castro, S., Caers, J., Mukerji, T. 2005. The Stanford VI reservoir. 18th Annual Report. Stanford Center for Reservoir Forecasting(SCRF), pp. 1 - 73.

Chilès, J. - P., Delfiner, P. 1999. Geostatistics: Modeling spatial uncertainty. New York, US: Wiley.

Coléou, T., Allo, F., Bornard, R., et al. 2005. Petrophysical seismic inversion. Houston, US: SEG Annual Meeting 2005.

Contreras, A., Torres - Verdin, C., Kvien, K., et al. 2005. AVA stochastic inversion of pre - stack seismic data and well logs for 3D reservoir modelling. In 67th EAGE Conference & Exhibition, June 2005: 13 - 16.

Cox, T. F., Cox, M. A. A. 1994. Multidimensional scaling. London: Chapman and Hall.

Daly, C., Caers, J. 2010. Multi - point geostatistics - an introductory overview. First Break, 28(9), 39 - 47.

David, M. 1977. Geostatistical ore reserve estimation. Amsterdam: Elsevier.

Davis, M. W. 1987. Production of conditional simulations via the LU triangular decomposition of the covariance matrix. Mathematical Geology, 19(2), 91 - 98.

Deutsch, C. V., Journel, A. G. 1992. GSLIB: Geostatistical Software Library and User's Guide. New York: Oxford University Press.

Demyanov, V., Foresti, L., Christie, M., et al. 2011. Reservoir modelling with feature selection: A kernel learning approach. In Proceedings of SPE Reservoir Simulation Symposium. doi: 10. 2118/141510 - MS.

Dimitrakopoulos, R., Luo, X. 2004. Generalized sequential Gaussian simulation on group size m and screen - effect approximations for large field simulations. Mathematical Geology, 36(5), 567 - 591.

Dimitrakopoulos, R., Mustapha, H., Gloaguen, E. 2010. High - order statistics of spatial random fields: Exploring spatial cumulants for modeling complex non - Gaussian and non - linear phenomena. Mathematical Geosciences, 42, 65 - 99.

Doyen, P. M. 2007. Seismic reservoir characterization. Madrid: EAGE.

Dubrule, O. 2003. Geostatistics for seismic data integration in earth models. Tulsa, OK: SEG/EAGE Distinguished Instructor Short Course Number 6.

Fatti, J. L., Smith, G. C., Vail, P. J., et al. 1994. Detection of gas in sandstone reservoirs using AVO analysis: A 3-D seismic case history using the geostack technique. Geophysics 59(9)(September): 1362-1376. doi: 10. 1190/1. 1443695.

Filippova, K., Kozhenkov, A., Alabushin, A. 2011. Seismic inversion techniques: Choice and benefits. First Break, 29(May), 103-114.

Francis, A. M. 2006. Understanding stochastic inversion: Part 1. First Break, 24 (November), 79-84.

Froidevaux, R. 1993. Probability field simulation. In A. Soares(Ed.), Geostatistics Tróia' 92(Vol. 1, pp. 73-84). Dordrecht: Kluwer.

Galli, A., Beucher, H., Le Loc'h, et al. 1994. The pros and cons of the truncated Gaussian method. In M. Armstrong & P. Dowd(Eds.), Geostatistical simulations: Proceedings of the geostatistical workshop, Fontainebleau, France(pp. 217-233). Dordrecht: Kluwer Academic Publishers.

Gao, G., Abubakar, A., Habashy, T. 2010. Simultaneous joint petrophysical inversion of electromagnetic and seismic measurements. SEG Annual Meeting, 2010, 2799-2804.

Gómez-Hernández, J. J., Srivastava, R. H. 1990. ISIM3D: An ANSI-C three-dimensional multiple indicator conditional simulation program. Computers & Geosciences, 16(4), 395-440.

Gómez-Hernández, J. J., Journel, A. G. 1993. Joint sequential simulation of multi Gaussian field, Geostatistics Troia'92(pp. 85-94). Dordrecht: Kluwer.

Goovaerts, P. 1997. Geostatistics for natural resources evaluation. New York: Oxford University Press.

Grana, D., Della Rossa, E. 2010. Probabilistic petrophysical-properties estimation integrating statistical rock physics with seismic inversion. Geophysics 75(3): O21-O37. doi: 10. 1190/1. 3386676.

Grana, D., Mukerji, T., Dvorkin, J., et al. 2012. Stochastic inversion of facies from seismic data based on sequential simulations and probability perturbation method. Geophysics 77(4): M53-M72. doi: 10. 1190/geo2011-0417. 1.

Grijalba-Cuenca A., Torres-Verdin C. 2000. Geostatistical inversion of 3D seismic data to extrapolate wireline petrophysical variables laterally away from the well. In SPE 63283. Texas: Society of Petroleum Engineers.

Haas, A., Dubrule, O. 1994. Geostatistical inversion-a sequential method of stochastic reservoir modeling constrained by seismic data. First Break, 12, 561-569.

Hoffman, T., Caers, J. 2005. Regional probability perturbations for history matching. Journal of Petroleum Science and Engineering, 46(1-2), 53-71.

Horta, A., Soares, A. 2010. Direct sequential co-simulation with joint probability distributions. Mathematical Geosciences 42(3): 269-92. doi: 10. 1007/s11004-010-9265-x.

Hoversten, G. M., Cassassuce, F., Gasperikova, E., et al. 2006. Direct reservoir parameter estimation using joint inversion of marine seismic AVA and CSEM data. Geophysics 71(3): C1-C13. doi: 10. 1190/1. 2194510.

Hu, L. 2000. Gradual deformation and iterative calibration of Gaussian-related stochastic models. Mathematical Geology, 32, 87-108.

Hu, L., Blanc, G., Noetinger, B. 2001. Gradual deformation and iterative calibration of sequential simulations. Mathematical Geology, 33, 475-489.

Iaco, S., Maggio, S. 2011. Validation techniques for geological patterns simulations based on variogram and multiple - point statistics. Mathematical Geosciences 43(4)(March 31): 483 - 500. doi: 10. 1007s11004 - 011 - 9326 - 9.

Isaaks, E. H., Srivastava, R. M. 1989. An introduction to applied geostatistics. New York: Oxford University Press.

Journel, A. G. 1974. Geostatistics for conditional simulation of orebodies. Economic Geology, 69, 673 - 680.

Journel, A. G. 1989. Fundamentals of Geostatistics in Five Lessons. In Short Course in Geology 8. Washington D. C.: American Geophysical Union.

Journel, A. G. 1994. Modeling uncertainty: Some conceptual thoughts. In R. Dimitrakopoulos(Ed.), Geostatistics for next century. Netherlands: Springer

Journel, A. G., Huijbreghts, Ch. 1978. Mining geostatistics. New York: Academic Press.

Journel, A. G., Alabert, F. 1988. Focusing on spatial connectivity of extreme - valued attributes: Stochastic indicator models of reservoir heterogeneities. In SPE Paper 18324. Texas: Society of Petroleum Engineers.

Journel, A. G., Xu, W. 1994. Posterior identification of histograms conditional to local data. Mathematical Geology, 24(2), 149 - 160.

Kashib, T., Srinivasan, S. 2006. A probabilistic approach to integrating dynamic data in reservoir models. Journal of Petroleum Science and Engineering, 50(3 - 4), 241 - 257.

Kleingeld, W. J., Krige, D. G. (Eds.). 2001. Geostatistics Cape Town' 2000(Vol. 1 and 2). South Africa: Geostatistical Association of South Africa.

Krige, D. G. 1951. A statistical approach to some basic mine valuation problems on the Witwatersrand. Journal of the Southern African Institute of Mining and Metallurgy, 52(6), 119 - 139.

Lancaster, S., Whitcombe, D. 2000. Fast - Track Coloured Inversion. In: SEG Expanded Abstracts (pp. 3 - 6).

Lantuejoul, Ch. 2002. Geostatistical simulations. Springer, Berlin Heidelberg: Models and Algrithms.

Law, A. M., Kelton, W. D. 1991. Simulation Modeling and Analysis. NY: McGraw - Hill.

Leuangthong, O., Deutsch, C. V. (Eds.). 2004. Geostatistics Banff. Netherlands: Springer.

Lindseth, R. O. 1979. Synthetic sonic logs - a process for stratigraphic interpretation. Geophysics, 44, 3 - 26.

Liu, Y., Journel, A. G. 2009. A package for geostatistical integration of coarse and fine scale data. Computers & Geosciences 35(3)(March): 527 - 547. doi: 10. 1016/j. cageo. 2007. 12. 015.

Lee, J., Mukerji, T. 2013. The Stanford VI - E reservoir: A synthetic data set for joint seismic - em time - lapse monitoring algorithms. In Stanford Center for Reservoir Forecasting Meeting(pp. 1 - 53).

Le Loc' h, G., Beucher, H., Galli, A., et al. 1994. Improvement in the truncated Gaussian method: Combining several Gaussian functions. In Proceedings of ECMOR IV, Fourth European Conference on the Mathematics of Oil Recovery.

Ma, Xin - Quan. 2002. Simultaneous inversion of prestack seismic data for rock properties using simulated annealing. Geophysics 67(6): 1877 - 1885. doi: 10. 1190/1. 1527087.

Mallet, J. L. 2002. Geomodelling, Oxford: Oxford University Press.

Mallet, J. L. 2004. Space - time mathematical framework for sedimentary geology. Mathematical Geology, 36(1), 1 - 31.

Mallick, S. 1995. Model based inversion of amplitude variations with offset data using a genetic algorithm. Geophysics 60(4)(July): 939 - 954. doi: 10. 1190/1. 1443860.

Mallick, S. 1999. Some practical aspects of prestack waveform inversion using a genetic algorithm: An example from the East Texas Woodbine gas sand. Geophysics, 64(2), 326 - 336.

Marcotte, D. 1991. Cokriging with Matlab. Computers & Geosciences, 18(9), 1265 - 1280.

Mariethoz, G., Renard, P., Straubhaar, J. 2010. The direct sampling method to perform multiple - point geostatistical simulations. Water Resources Research, 46 (11): 1 - 14. doi: 10. 1029/2008WR007621.

Mariethoz, G., Caers, J. 2014. Multiple - point geostatistics: Stochastic modelling with training images. Wiley - Blackwell, Hoboken, NJ, 376 pp.

Marques, C., Azevedo, L., Demyanov, V., et al. 2015. Multiscale geostatistical history matching using block direct sequential simulation. In: Petroleum Geostatistics 2015. France: Biarritz.

Mata - Lima, H. 2008. Reservoir characterization with iterative direct sequential co - simulation: Integrating fluid dynamic data into stochastic model. Journal of Petroleum Science and Engineering 62(3 - 4) (September): 59 - 72. doi: 10. 1016/j. petrol. 2008. 07. 003.

Matheron, G. 1965. Les Variables Régionalisées et Leur Estimation.

Matheron, G. 1974. Random sets and integral geometry. New York: Wiley Interscience.

Matheron, G. 1978. Estimating and choosing: An essay on probability in practice. Berlin, Germany: Springer.

Mavko, G., Mukerji, T., Dvorkin, J. 2003. The rock physics handbook. Cambridge: Cambridge University Press.

Morris, H., Hardy, B., Efthymiou, E., et al. 2011. Rock physics and reservoir characterization of a calcitic - dolomitic sandstone reservoir. First Break, 29(June), 71 - 79.

Mukerji, T., Avseth, P., Mavko, G., et al. 2001. Statistical rock physics: Combining rock physics, information theory, and geostatistics to reduce uncertainty in seismic reservoir characterization. The Leading Edge 20(3)(March): 313 - 319. doi: 10. 1190/1. 1438938.

Mukerji, T., JØrstad, A., Avseth, P., et al. 2001. Mapping lithofacies and pore - fluid probabilities in a North Sea reservoir: Seismic inversions and statistical rock physics. Geophysics, 66(4), 988 - 1001.

Muge, F. 1982. As Funçöes de recuperaçöo Globais com o Instrumento de Planeamento Mineiro(Ph. D. Thesis). IST, Portugal.

Myers, D. E. 1982. Matrix formulation of co - kriging: Jour. Mathematical Geology, 14(3), 249 - 257.

Myers, D. E. 1984. Co - kriging - new development, In G. Verly et al., (Eds.), Geostatistics for natural resources characterization(pp. 295 - 305). Dordrecht: D. Reidel Publishing.

Nunes, R., Soares, A., Neto, G. S., et al. 2012. Geostatistical inversion of prestack seismic data. In Ninth International Geostatistics Congress(pp. 1 - 8). Oslo,

Norway. Oliver, D. S., Chen, Y. 2011. Recent progress on reservoir history matching: a review (February 2010), 185 - 221. doi: 10. 1007/s10596 - 010 - 9194 - 2.

Oliver, D. S., Reynolds, A., Liu, N. 2008. Inverse theory for petroleum reservoir characterization and history matching. Cambridge University Press.

Omre, H., Solna, K., Tjelmeland, H. 1993. Simulation of random functions on large lattices, In A. Soares, (Ed.), Geostatistics Troia ’ 92(pp. 179 - 199). Dordrecht: Kluwer Acrs.

Ortiz, J. M., Emery, X. (Eds.). 2008. Geostatistics Santiago 2008. Netherlands: Springer.

Pyrcz, M. J., Deutsch, C. 2002. Geostatistical reservoir modeling(2nd ed.). New York: Oxford University Press.

Renard, P., Allard, D. 2013. Connectivity metrics for subsurface flow and transport. Advances in Water Resources, 51, 168 - 196.

Richmond, A., Dimitrakopoulos, R. 2005. Multi - scale stochastic modeling of ore textures at the George Fisher mine(p. 8). Queensland, Australia: CIM Bulletin, May.

Ripley, B. D. 1987. Stochastic Simulation. New York: Wiley. Robinson, G. 2001. Stochastic seismic inversion applied to reservoir characterization. CSEG Recorder, 26(1), 38 - 40.

Russell, B. H. 1988. Introduction to seismic inversion methods. Tulsa: SEG.

Russell, B., Hampson, D. 1991. Comparison of poststack seismic inversion methods. In 61st Annual International Meeting, SEG, Expanded Abstracts(pp. 876 - 878).

Rutherford, S. R., Williams, R. H. 1989. Amplitude - versus - offset variations in gas sands. Geophysics, 54(2), 680 - 688.

Samper, F. J., Carrera, J. 1990. Geoestadística. Centro Internacional de Métodos Númericos en Ingenieria, Barcelona: Aplicaciones a la Hidrogeologia Subterranea.

Scales, J. A., Tenorio, L. 2001. Prior information and uncertainty in inverse problems. Geophysics, 66(2), 389 - 397.

Scheidt, C., Caers, J. 2008. Representing spatial uncertainty using distances and kernels. Mathematical Geosciences 41(4)(September 24): 397 - 419. doi: 10. 1007/s11004 - 008 - 9186 - 0.

Sen, M. K., Stoffa, P. L. 1991. Nonlinear one dimensional seismic waveform inversion using simulated annealing. Geophysics 56(10)(October): 1624 - 1638. doi: 10. 1190/1. 1442973.

Serra, J. 1982. Image analysis and mathematical morphology. London, New York: Academic Press. Shuey, R. T. 1985. A simplification of the Zoeppritz Equations. Geophysics 50(4)(April): 609 - 614. doi: 10. 1190/1. 1441936.

Simm, R., Bacon, M. 2014. Seismic amplitude—An interpreter's handbook. UK: Cambridge University Press. Smith, T. M.,

Sondergeld, C. H., Rai, C. S. 2003. Gassmann fluid substitutions: A tutorial. Geophysics, 68(2), 430 - 440.

Soares, A. 1988. Conditional simulation of indicator data. Case study of a multiseam coal deposits. In Chung et al. (Eds.), Quantitative analysis of mineral and energy resources(pp. 375 - 384), Dordrecht: Reidel Pub.

Soares, A. 1992. Geostatistical estimation of multi/phase structures. Mathematical Geology, 24(2), 149 - 160.

Soares, A. (Ed.). 1993. Geostatistics TROIA' 92(Vol. 1 and 2). Dordrecht: Kluwer Academic Publishers.

Soares, A. 2001. Direct Sequential Simulation and Cosimulation. Mathematical Geology, 33(8), 911 - 926.

Soares, A. 2006. Geoestatística Para as Ciências Da Terra e Do Ambiente. Lisboa, Portugal: IST Press.

Soares, A., Diet, J. D., Guerreiro, L. 2007. Stochastic inversion with a global perturbation method. Petroleum Geostatistics, Cascais, Portugal: EAGE, September 2007: 10 - 14.

Sousa, A. J. 1989. Geostatistical data analysis—an application to ore typology. In M. Armstrong, (Ed.), Geostatistics: Vol. 2(pp. 295 - 308). Dordrecht: Kluwer.

Srivastava, R. M. 1992. Reservoir characterization with probability field simulation, SPE paper 24753. Texas: Society of Petroleum Engineers.

Srivastava, R. M. 1995. An overview of stochastic methods for reservoir characterization. In J. M. Yarus and R. L. Chambers(Eds.), Stochastic modeling and geostatistics: Principles, methods, and case studies: AAPG computer applications in geology: Vol. 3(pp. 1 - 16).

Strebelle, S. 2002. Conditional simulation of complex geological structures using multiple - point statistics. Mathematical Geology, 34(1), 1 - 21.

Suro - Perez, V., Journel, A. 1990. Simulation of lithofacies. In Guerrilot et al. (Eds.), Proceedings of the 2nd European Conference on Mathematics of Oil Recovery(pp. 3 - 10). Paris: Tech. Pub., Technip.

Switzer, P. 1977. Estimation of spatial distribution from point sources with applications to air pollution measurements. Bulletin of the Institute of Statistics, XLVII(1), 123 - 137. Sun, Q., Eissa, M. A., Castagna, J. P., Cersosimo, D.,

Sun, S., Deker, C. 2001. Porosity from artificial neural network inversion from Bermejo Field, Ecuador. In 71st Annual International Meeting: Society of Exploration Geophysicists(pp. 734 - 737).

Suzuki, S., Caers, J. 2008. A distance - based prior model parameterization for constraining solutions of spatial inverse problems. Mathematical Geosciences 40(4)(March 12): 445 - 469. doi: 10. 1007/s11004 - 008 - 9154 - 8.

Tarantola, A. 2005. Inverse problem theory. SIAM.

Tompkins, M. J., Fernández Martínez, J. L., Alumbaugh, D. L., et al. 2011. Scalable uncertainty estimation for nonlinear inverse problems using parameter reduction, constraint mapping, and geometric sampling: Marine controlled - source. Geophysics, 76(4), 263 - 281.

Verly, G. 1993. Sequential Gaussian co - simulation: A simulation method integrating several types of information. In A. Soares, (Ed.), Geostatistics Troia ' 92(Vol. 1, pp. 543 - 554). Dordrecht, The Netherlands: Kluwer Academic Publishers.

Ventsel, H. 1973. Théorie des Probabilités. Edition Mir, Moscou.

Verly, G., David, M., Journel, A. G., et al. (Eds.). 1984. Geostatistics for natural resources characterization. Dordrecht, Holland: D. Reidel Publishing.

Wackernagel, H. 1995. Multivariate geostatistics, an introduction with applications. Berlin: Springer.

Waxman, M. H., Smits, M. J. L. 1968. Electrical conduction in oil - bearing sands. Petroleum Engineers Journal, 8(2), 107 - 122.

Xu, S., Payne, M. A. 2009. Modeling elastic properties in carbonate rocks. The Leading Edge(January): 66 - 74.

Xu, W., Tran, T., Srivastava, M., et al. 1992. Integrating seismic data in reservoir modelling: The collocated co - kriging alternative, SPE paper 247242. Texas: Society of Petroleum Engineers.

索 引